"科普江苏"计划创作出版扶持项目

都有为 袁紫燕 李子爽 编著

江苏省学会服务中心 江苏省科普服务中心 江苏省科协人才服务中心
组织编写

神奇的磁

从指南针到自旋芯片

南京大学出版社

图书在版编目（CIP）数据

神奇的磁：从指南针到自旋芯片 / 都有为等编著 .
南京 : 南京大学出版社 , 2025. 5. -- ISBN 978-7-305
-29273-6

Ⅰ . O441.2-49

中国国家版本馆 CIP 数据核字第 2025G6P527 号

出版发行　南京大学出版社
社　　　址　南京市汉口路 22 号　　　邮　编　210093
书　　名　**神奇的磁——从指南针到自旋芯片**
　　　　　SHENQI DE CI —— CONG ZHINANZHEN DAO ZIXUAN XINPIAN
编　　著　都有为等
责任编辑　吴　汀　　　　　　　　编辑热线 025-83595840

照　　排　南京开卷文化传媒有限公司
印　　刷　苏州工业园区美柯乐制版印务有限责任公司
开　　本　718 mm×1000 mm　1/16　印张 7.5　　字数 126 千
版　　次　2025 年 5 月第 1 版　2025 年 5 月第 1 次印刷
ISBN 978-7-305-29273-6
定　　价　49.80 元

网址：http://www.njupco.com
官方微博：http://weibo.com/njupco
官方微信号：njupress
销售咨询热线：025-83594756

编审委员会

主　任

马立涛

副主任

刘海亮　　唐釜金　　许　昌

成　员

刘添乐　纪寒春　张　程　吉　人　唐　明
冯　建　申　姣　李　李　郑海祥　丁苏豫

SHEN QI DE CI
神 奇 的 磁
从 指 南 针 到 自 旋 芯 片

第 *1* 章
从东方到西方的磁石故事

古代海上丝绸之路：从锡兰（现为斯里兰卡）返回中国的货船（指南针被广泛应用于海上贸易和探险活动，极大地推动了中国与世界的交流）

1. 磁的缘起——从东方"慈石"到西方传说

图1.1 天然磁石（一种天然磁铁，能吸引铁钉。古代人类从天然磁石中发现了磁性）

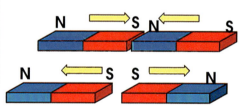

图1.2 磁铁漫画"同性相斥，异性相吸"（N代表北极，S代表南极，箭头表示两磁铁相互作用的方向）

来自中国的古老名字"慈石"

在春秋战国时期，我国古人已经用铁来制造农具了，铁器的普遍使用让我们的祖先对磁有了深刻的认识。我国历史上关于磁石（四氧化三铁）的最早记载见于《管子·地数篇》："上有慈石者，其下有铜金。""慈石"就是一种磁铁矿。其他古籍如《山海经》《鬼谷子》《淮南子》等也对磁石吸铁的特性有类似的记载。古人常将"磁石吸铁"比喻为母子之间的深情，所以当时的磁石被写作"慈石"。东汉时期的高诱在《吕氏春秋训解》中进一步阐释了这一点："石，铁之母也。以有慈石，故能引其子；石之不慈者，亦不能引也。"他们认为，石是铁的母亲，但石有慈和不慈两种，慈爱的石头能吸引它的子女，而不慈的石头则不能。这是古人对磁石能吸铁而别的石头不能吸铁的解释。

在古代，磁石也被广泛应用于医学领域。《黄帝内经》等医学经典中记载了用磁石治疗疾病的方法，称之为"磁疗"。古代医家认为磁石具有疏通经络、促进血液循环、缓解疼痛等功效，因此将其用于治疗风湿、痛症等疾病，并取得了一定的疗效。

我们的祖先不仅发现了磁石能吸引铁，还观察到了磁石的其他静磁现象。他们注意到磁石对金、银、铜等非铁物质并无吸引作用，同时发现磁石之间存在相互吸引和排斥的现象，并试图在社会生产实践中更多地应用磁的这些性质。随着古人们对磁现象的观察和研究进一步加深，四大发明之一的"指南针"被发明出来，对人类社会进步发挥了巨大作用。

西方 magnesian 石的传说

古希腊哲学家泰勒斯（约前 624—约前 547）曾将磁石称为 magnesian 石。这个名字的来源有两个传说：一是克里特岛上的牧人马格内斯（Magnes）的鞋铁钉和手杖端被磁石吸住，二是希腊的马格尼西亚（Magnesia）是最早发现磁石的地名，西班牙文中的 imán 和匈牙利文中的 mágnes 即来源于此。在现代，磁铁在英文中被称为 magnet，而磁性则被称为 magnetism。

有趣的是，在法文中，磁石被称为 aimant，即"爱的石头"。这与中国古代将磁石称为"慈石"的命名方式有着异曲同工之妙。

在公元前 5 世纪至公元前 4 世纪，欧洲医学思想的奠基人希波克拉底通过将磁铁矿黏结到身体上，用以防止出血，开创了磁石在医疗上的使用。

2. 指南针的航迹——
古代导航至大航海时代的引领之旅

图 1.3　司南　　　　　　　　图 1.4　罗盘　　　　　　图 1.5　现代指南针

指南针的进化：司南、指南鱼与罗盘

司南是一种古老的磁性指南工具，其历史可以追溯到战国时期，《鬼谷子·谋篇》和《韩非子·有度》中都提到了司南。东汉王充在《论衡》中描述了司南的使用方法："司南之杓，投之于地，其柢指南。"其中，"柢"指的是勺子的长柄，它指向南方。值得注意的是，地理南极与磁北极是相对应的。

北宋沈括在《梦溪笔谈》中提到："方家以磁石磨针锋，则能指南，然常微偏东，不全南也。"这是对地球磁偏角的最早记录，比西方相关记录早了 400 多年。

司南的原理后来促进了指南鱼和指南针的发展，这些工具使用了人造磁针（或磁片），成为更实用的导航设备。沈括在《梦溪笔谈》中详细总结了指南针的制备方法，这使得指南针成为航海中不可或缺的方向指示器，并最终演变成了罗盘。

两大航海史诗的交汇：海上丝绸之路与新大陆的发现

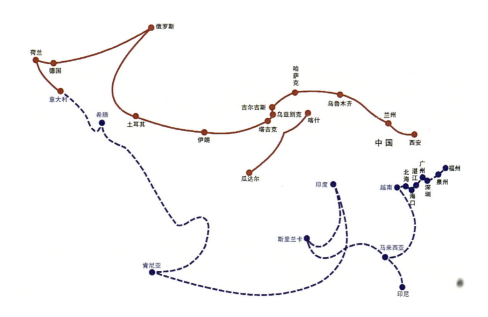

图 1.6 "一带一路"路线图（虚线为海上丝绸之路，实线为"一带一路"）

　　海上丝绸之路的发展历史悠久，起源于汉代，当时中国与东南亚、南亚的海上贸易已开始兴起。到了唐代，随着中国对外贸易的扩展，海上丝绸之路逐渐成为连接东西方的重要商贸通道。到了宋代，中国的航海技术得到发展，海上丝绸之路的贸易更加繁荣，商品交易活跃。

　　特别值得一提的是，北宋朱彧在 1119 年所著的《萍洲可谈》中，首次记录了将指南针用于航海的情况。这一创新取代了以往依靠天文现象确定方向的方法，尤其在夜间或阴雨天气中显得尤为重要。元代期间，指南针已被广泛用于确定航海方向，并随后发展为更加先进的罗盘。到了明代，郑和（1371 或 1375—1433 或 1435）率领的庞大船队利用罗盘导航，远航至东亚（如日本）、东南亚（如菲律宾）、南亚（如印度）、西亚（阿拉伯半岛）及东非海岸等地，先后访问了三十多个国家和地区。这些航海活动不仅展示了中国航海技术的先进，也促进了沿线国家间经济和文化的交流，使海上丝绸之路在明代达到了鼎盛时期。即使时

图 1.7 南海 I 号遗址发现的南宋古沉船（中国迄今为止考古发现的年代最久远、保存最完整、文物储存最多的远洋货船）/ 广东海上丝绸之路博物馆

(a) 绿釉印花卉纹折沿菱口碟　　　　　(b) 青釉内出筋菊瓣纹盘　　　　(c) 白釉印花四系罐（内套装小瓷瓶）

图 1.8 南海 I 号出土的瓷器 / 广东海上丝绸之路博物馆

间推移，海上丝绸之路仍继续作为东西方文化和商贸交流的重要纽带，其影响力一直延续到现代。

在 15 世纪末的海洋探索史上，中国的航海技术明显领先于西方。郑和的下西洋航行比哥伦布发现新大陆的航行早了近 90 年，其船队规模宏大，拥有数百艘船只和两万余人，远超哥伦布的航行规模，堪称世界航海史上的壮举。中国的航海技术，包括指南针的使用，通过马可·波罗和其他途径传到了欧洲。马可·波罗于 1275 年至 1292 年间在中国游历，他在回意大利时，将中国的罗盘技术带回了欧洲。而在此之前，中国的指南针、火药和印刷术这三大发明已经通过阿拉伯人传入了欧洲。

罗盘进入欧洲后使欧洲的远程航海成为可能。哥伦布在 1492 年的航行中发现了新大陆，这一事件不仅开启了欧洲对美洲的探索和殖民，也被视为中世纪与近代史的分界点。哥伦布的航海成就对现代西方世界的历史发展产生了深远的影响，他被许多国家视为无畏探索未知世界的精神象征。

3. 指南针背后的科学——地磁场

在古代，磁石的神秘力量激发了人们对自然现象的好奇心与探索欲。中国的形象思维为磁学的发展提供了独特的视角，将磁石吸铁的现象赋予了"慈母"的亲切比喻，这体现了古人对自然现象的直观感受。在技术层面上，中国古代利用磁石的特性发明了指南针，这一发明在航海中发挥了重要作用，为海上探索指明了方向。然而，尽管在技术应用上取得了显著成就，中国古代对磁学的基础科学研究却并未深入发展。

16 世纪初，西方对磁学的研究逐渐兴起。英国学者威廉·吉尔伯特（William Gilbert）在 16 世纪末对磁学[1]进行了系统性的研究，他的著作《论磁》为磁学奠定了科学基础。吉尔伯特的研究不仅推动了磁学的理论发展，也为后来的实验物理学奠定了基石。作为欧洲现代磁学之父，吉尔伯特开展了科学史上第一批磁学实验，进一步推动了磁学在欧洲的发展。

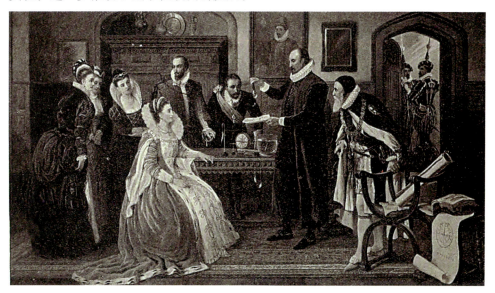

图 1.9　吉尔伯特向伊丽莎白一世展示磁性实验

[1] 主要是静磁学。

　　磁石间的相互作用，即"同性相斥，异性相吸"的现象，揭示了磁场的存在。科学家们将这种由磁石引起的相互作用空间称为磁场，类似地，由电荷引起的相互作用空间称为电场，还有重力场、声场、光场等。磁场虽然看不见摸不着，但可以通过磁粉在磁场中的排列来直观显示。当磁粉置于磁极附近时，它们会自动排列成线，形成磁感线，从而揭示了磁场的分布。

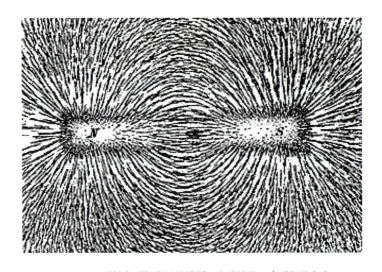

图 1.10　　磁粉在磁极附近的排列可直观地显示出磁场的存在

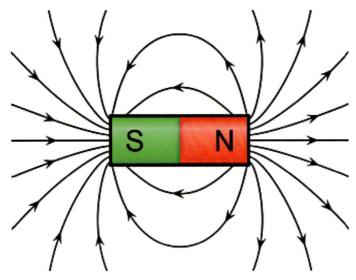

图 1.11　磁感线是用来描述磁场分布和方向的假想曲线

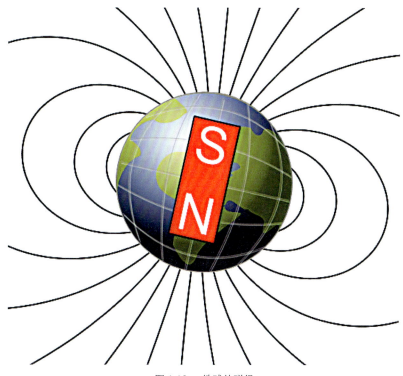

图 1.12　地球的磁场

　　为了定量测量磁场强度，科学家们利用霍尔效应发明了高斯计。此外，根据条形磁石在地磁场中的取向，定义了磁极的名称：指向地理北极方向的磁极称为磁南极，用符号"S"表示；另一极则是磁北极，用符号"N"表示。这些发现和定义为磁学的进一步研究奠定了基础。

　　从历史的角度来看，磁学的发展经历了从直观感受到科学实证的转变。中国古代在技术应用上的成就与西方在基础科学研究上的深入，共同推动了人类对磁现象的认识。这一过程提醒我们，科学的进步需要形象思维与逻辑思维的结合，需要实验与理论的相互印证。对于现代的青少年而言，这是一个宝贵的启示：只有将研究工作建立在坚实的物理和数学基础之上，我们才能更自由地探索科学的无限可能，进入科学的自由王国。

第 *2* 章
磁与电是孪生兄弟

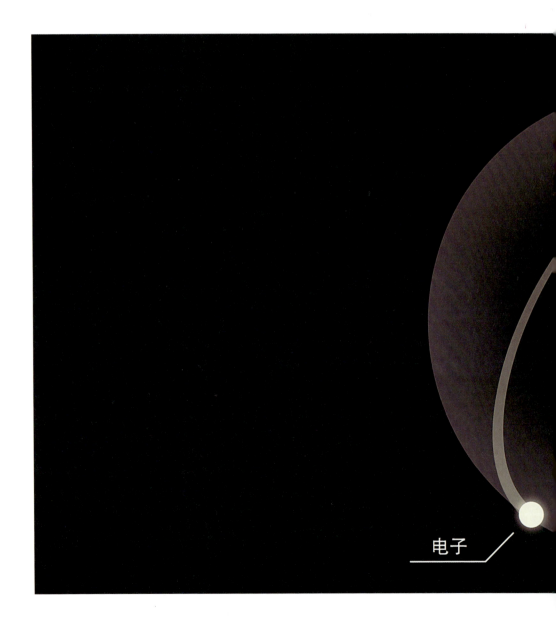

电子

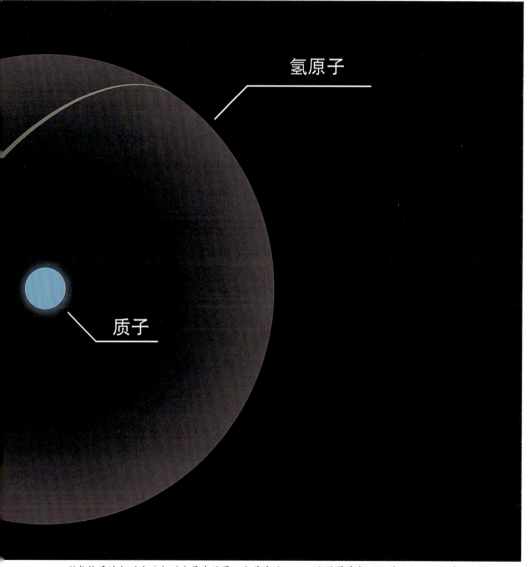

氢原子

质子

形成物质的电磁力（电磁力是自然界四大基本力之一，它将带有相反电荷的物体结合在一起，如将电子和质子结合在一起组成氢原子）/NASA

1. 磁电同源——自然界的神秘力量

在探索自然界的奥秘时，我们发现电与磁这对孪生兄弟无处不在，它们共同书写了现代物理学的辉煌篇章。今天，我们深知电能生磁，磁亦能生电，它们是构成自然界四大基本力之一——电磁力的两大支柱。电磁学不仅是现代物理学的基石，更是我们日常生活中不可或缺的一部分，它的影响力贯穿于我们生活的始终。

然而，历史上曾有一段漫长的时期，电与磁被视为两个截然不同的领域。伟大的科学家们，如吉布斯和库仑，都曾将它们作为独立的研究对象。这种孤立的视角限制了人们对自然界的深刻理解。直到 19 世纪 20 年代，这种观念才开始发生转变。

电磁力的神奇之处在于它几乎无处不在，除了重力，我们日常生活中的大多数物理现象都是由电磁力引起的。它是原子间相互作用的桥梁，负责物质与能量之间的流动与转换。从原子内部的相互作用，到化学反应中的分子间作用，电磁力都是背后的无形推手。

随着时间的推移，科学家们逐渐揭开了电与磁之间神秘的联系。他们发现，这两种力量实际上是不可分割的，共同构成了一个统一的电磁场。这一发现不仅推动了科学技术的进步，也为人类社会带来了翻天覆地的变化。从无线电到电脑，从医疗成像到能源传输，电磁学的理论和应用已经渗透到我们生活的方方面面。

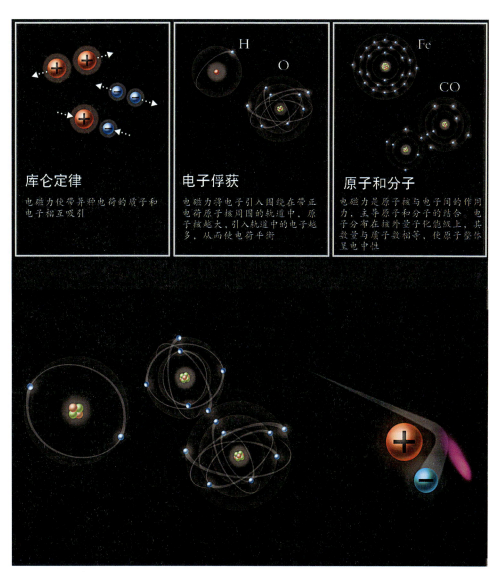

库仑定律

电磁力使带异种电荷的质子和电子相互吸引

电子俘获

电磁力将电子引入围绕在带正电荷原子核周围的轨道中，原子核越大，引入轨道中的电子越多，从而使电荷平衡

原子和分子

电磁力是原子核与电子间的作用力，主导原子和分子的结合。电子分布在核外量子化能级上，其数量与质子数相等，使原子整体呈电中性

图 2.1　形成物质的电磁力（电磁力是电荷之间相互作用的力。质子和电子是带有相反电荷的粒子，它们都会对电场和磁场产生反应。没有电磁力，原子和分子将无法形成。电磁力将电子捕获在原子核周围的轨道上，使原子和分子得以构成，并为在电磁频谱上产生光和不可见辐射提供了机制）

如今，我们站在巨人的肩膀上，回望那段将电与磁孤立对待的历史，不禁感慨科学的进步和人类认知的局限。电与磁的故事告诉我们，自然界的奥秘远比我们想象的要复杂，而探索这些奥秘的过程，正是科学不断发展的动力所在。

2. 电流的磁效应——打开电和磁的大门

在 19 世纪初，科学界对电和磁的认识还处于起步阶段。1780 年，意大利生物学家伽尔瓦尼在研究蛙腿肌肉时，意外发现蛙腿受到双金属环刺激时会产生痉挛的现象，这一发现被称为"动物电"。这一发现引起了科学界的广泛关注，并为电流的研究奠定了基础。

奥斯特发现电流的磁效应

1777 年，汉斯·克里斯蒂安·奥斯特出生于丹麦兰格朗岛的一个小镇，他的父亲索伦·奥斯特是一位在当地享有盛誉的药剂师，经营着一家药局，为小镇

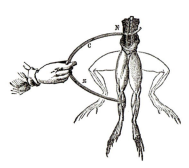

图 2.2　蛙腿受到双金属环刺激产生痉挛现象

图 2.3　伏打电堆

居民提供医疗服务。由于小镇教育资源有限，没有正式的学校，奥斯特只能跟着镇上教育水平较高的长辈学习各种知识。奥斯特从小就对文学和哲学有着浓厚的兴趣，同时，他也对科学充满了无尽的好奇和热情。他经常帮助父亲在药局里工作，这段经历不仅让他学会了基础化学知识，也培养了他对科学的敏锐洞察力。尽管条件并不优越，但奥斯特凭借自己的努力和才华，以优异的成绩通过了哥本哈根大学的入学考试，开启了他人生的新篇章。

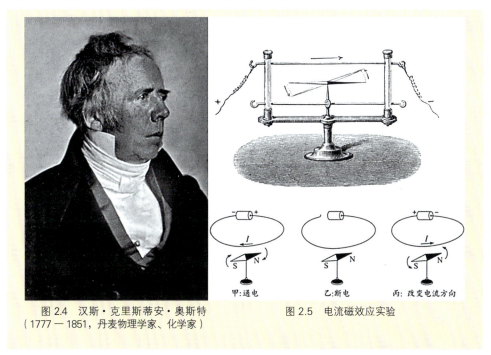

图 2.4　汉斯·克里斯蒂安·奥斯特
（1777 — 1851，丹麦物理学家、化学家）

图 2.5　电流磁效应实验

　　1795 年，奥斯特踏入了哥本哈根大学的大门，开启了他的学术生涯。在大学期间，他广泛涉猎了医学、天文、数学、物理和化学等多个领域，展现了非凡的学术天赋和广泛的兴趣爱好。1799 年，他完成了题为《大自然形而上学的知识架构》的博士论文，获得了博士学位。这篇论文不仅体现了他对自然哲学的深刻理解，也预示着他未来在科学研究上的广阔前景。

　　1801 年，奥斯特获得了一笔为期三年的游学奖学金，这为他提供了前往德国和法国等地深造的机会。在德国，他遇到了物理学家约翰·里特，两人结下了深厚的友谊，并共同探讨了电场与磁场之间的神秘关系。这段经历对奥斯特的科学研究产生了深远的影响，激发了他对电磁学领域的研究兴趣。

1806 年，奥斯特学成归来，被聘为哥本哈根大学的物理和化学教授。在他的指导下，哥本哈根大学发展出了一套完整的物理和化学课程体系，并建立了一系列先进的实验室。奥斯特深受当时哲学思想的影响，坚信自然界中各种力是统一的，包括磁力和电力。因此，他开始进行电对磁针影响的实验研究，希望通过实验找到电与磁之间的内在联系。

1820 年，奥斯特在一次实验中偶然发现，当电流通过导线时会对磁针产生作用，使其改变方向。这一发现震惊了科学界，因为它揭示了电流与磁场之间的直接联系。奥斯特经过多次实验验证，最终在 1820 年 7 月发表了题为《磁针电抗作用实验》的论文，正式向学术界宣告他发现了电流的磁效应。这一发现不仅证实了电流能够在其周围激发磁场，而且指出了直线电流产生的磁场磁感应线是一系列垂直于电流的圆形。这一突破性成果为现代电磁学的发展奠定了坚实的基础。

奥斯特的发现具有划时代的意义，它突破了当时人们对电与磁关系的认识局限，为电磁学的研究开辟了新的道路。因此，奥斯特获得了英国皇家学会的科普利奖章，并在科学界声名鹊起。他的工作证明了电可以转化为磁，为电磁学的发展提供了实验依据。

1851 年，奥斯特在哥本哈根逝世，享年 74 岁。为了纪念他在电磁学领域的杰出贡献，国际上从 1934 年起将磁场强度的单位命名为"奥斯特"（简称"奥"，符号为 Oe）。此外，丹麦自然科学促进会和其他机构也设立了以他名字命名的奖项和纪念碑来缅怀他的伟大成就。奥斯特的发现标志着现代电磁学历史的开端，为电与磁之间的关系研究打开了新的视野。法拉第对奥斯特的发现给予了极高的评价，认为它为科学领域带来了前所未有的光明。奥斯特的工作不仅为后来的科学家们提供了探索自然界基本相互作用的新途径，而且开启了电气时代的大门，对科学技术的发展产生了深远的影响。

毕奥 – 萨伐尔定律揭示了电流元产生磁场的奥秘

奥斯特的实验，这一开创性的科学探索，犹如一道曙光划破了物理学界长久以来关于电与磁分离认知的阴霾，首次明确揭示了电流流动与磁针偏转现象之间那神秘而直接的关联。这一发现不仅极大地激发了科学家们对电与磁相互作用深层次规律的好奇心，更为后续电磁理论的发展铺设了坚实的基石。尽管奥斯特的实验成果斐然，但其研究主要停留在对电流磁效应的定性描述层面，尚未触及这一自然现象背后更为精确的数学表达。

为了填补这一空白，法国物理学家让·巴蒂斯特·毕奥和费利克斯·萨伐尔投入了深入的研究。两人深知，仅凭直观的实验现象和定性的描述，无法全面揭示电流与磁场之间的相互作用。因此，他们决定深入研究载流导线对磁针的作用，并仔细分析前人大量的实验数据，以期找到电流与磁场之间的定量关系。为了实现这个目标，毕奥和萨伐尔开始了艰苦的实验工作。他们设计了一系列精密的实验，通过改变载流导线中的电流大小、方向以及观察点与导线之间的距离等参数，仔细研究了载流导线对磁针作用力的变化。这些实验不仅要求极高的精度和准确性，还考验着科学家们的耐心和毅力。经过无数次的实验和数据分析，毕奥和萨伐尔终于取得了突破性的进展。他们发现了长直载流导线周围磁场与电流之间的定量关系。

图 2.6 让·巴蒂斯特·毕奥（1774－1862，法国物理学家、天文学家和数学家）

图 2.7 费利克斯·萨伐尔（1791－1841，法国物理学家、医生）

图 2.8 皮埃尔·西蒙·拉普拉斯（1749－1827，法国天文学家和数学家）

数学家皮埃尔·西蒙·拉普拉斯的加入，更是为这一发现增添了数学上的严谨与美感。经过他的精心归纳与整理，毕奥-萨伐尔定律（Biot-Savart law）得以正式确立，成为电磁学中描述电流产生磁场强度分布的经典公式。这一定律的提出，不仅意味着电磁学研究从定性的直观描述迈向了定量的精确计算，更重要的是，它构建起了电与磁之间定量关系的桥梁，为电磁现象的统一理论框架的形成奠定了坚实的基础。

毕奥-萨伐尔定律的数学表达式[1]，以其简洁而强大的形式，揭示了电流元在空间任意位置产生的磁场分布规律，为电磁场理论的发展开辟了全新的视野。这一成就不仅促进了电磁感应现象的深入研究，推动了法拉第电磁感应定律的发现，更为麦克斯韦电磁理论体系的建立提供了不可或缺的基石。麦克斯韦在此基础上，将电、磁、光统一于一个宏伟的理论框架之中，彻底改变了人类对自然界基本相互作用的理解。

此外，毕奥-萨伐尔定律的应用范围广泛，从基础的电力传输系统设计到复杂的无线通信网络构建，再到先进的医疗成像技术（如磁共振成像），都离不开这一理论的支撑。它不仅深化了我们对电磁现象本质的认识，更为现代科技的飞速进步提供了坚实的理论基础，其影响力跨越时代，持续推动着人类社会向更加智能化、信息化的未来迈进。因此，毕奥-萨伐尔定律的发现，无疑是电磁学史上的一座重要里程碑，其科学价值与社会意义不可估量。

"电学中的牛顿"——安培

安培出生在法国里昂的一个商人家庭。安培从小就展现了超乎常人的学习能力和好奇心，尤其是对数学的热爱，让他早早地就确立了自己未来的方向。安培的青年时期是在家乡的中学学校里度过的，他担任数学教师，用自己对知识的热情感染着每一个学生。但安培的志向远不止于此，他渴望更深入地探索科学的奥秘。

---

[1] 毕奥-萨伐尔定律的数学表达式为 $dB = \dfrac{\mu_0}{4\pi} \dfrac{I\,\mathrm{d}l\sin\theta}{r^2}$，式中 $\mu_0 = 4\pi \times 10^{-7}\,\mathrm{T \cdot m/A}$（或 $\mathrm{N/A^2}$）为真空磁导率。

于是，在 1805 年，安培决定前往巴黎，那里有更广阔的学术天地等待着他去开拓。

在巴黎，安培迅速崭露头角，他先后担任了多个重要职务，包括法国帝国大学总学监、巴黎工业大学数学教授等。然而，真正让安培在科学界名声大噪的，是他在电磁学领域的突破性贡献。在 19 世纪初的欧洲，电磁学领域正经历着一场前所未有的变革，这场变革不仅重塑了人类对自然界基本规律的认识，也为后续科学技术的飞速发展奠定了坚实的理论基础。1820 年，法国物理学家弗朗索瓦·阿拉戈在法国科学院的一次会议上，向世人展示了奥斯特足以震撼整个科学界的重大发现：当磁针置于通电导线附近时，它会发生明显的偏转。这一发现如同一道闪电，划破了电与磁之间长久以来的神秘面纱，首次直观证实了电流与磁场之间存在着某种深刻的联系，为电磁学的研究开辟了新的方向。

这一发现如同一颗石子投入平静的湖面，激起了安培心中的波澜。他毅然决然地投身于探索电与磁之间奥秘的研究之中。他不仅对奥斯特的实验进行了深入

图 2.9　安德烈·马利·安培（1775 — 1836，法国物理学家、数学家，经典电磁学的创始人之一）

图 2.10　安培定则（右手螺旋法则）

的复现与验证，还通过一系列精心设计的实验，揭示了一系列具有深远影响的电磁现象，并提出了诸多富有前瞻性与启发性的理论见解。他提出了安培定则，用简单的右手螺旋法则描述了电流产生的磁场方向；他发现了电流之间的相互作用规律，即同向电流相互吸引、反向电流相互排斥；他还总结了安培定律，为电磁场的量化分析提供了数学工具。这些成就不仅让安培在电磁学领域站稳了脚跟，更为他赢得了国际声誉。在法国科学院的连续三次会议上，安培宣读了他那三篇震撼人心的论文，这些论文不仅深化了电磁学的研究层次，更为后世电磁理论的构建提供了宝贵的理论基石。

1814 年，安培当选为法兰西科学院院士，随后又成为英国皇家学会会员，以及多个外国科学院的院士。他的名字开始与电磁学紧密相连，成了科学界的一颗璀璨明星。然而，安培并没有因此而满足。他继续深入研究电磁学，提出了分子电流假说，为物体的磁性找到了物理上的解释。这一假说虽然在当时无法用经典物理学来解释，但为后来的量子理论的发展提供了启示。

晚年的安培健康状况逐渐恶化，但他依然坚持工作，直到 1836 年因患急性肺炎在马赛逝世，终年 61 岁。他的离世让科学界失去了一位伟大的科学家，但他的成就和贡献却永远留在了人类科学发展的史册上。安培的一生是追求真理、勇于探索的一生。他用自己的智慧和才华，在电磁学领域书写了一段传奇。他的名字和成就，将永远激励着后人不断前行，探索未知的奥秘。

安培的这些工作不仅极大地推动了电磁学研究的数学化进程，更为电动力学的发展奠定了坚实的基础。詹姆斯·克拉克·麦克斯韦，这位电磁学理论的集大成者，在他的著作中曾高度评价安培的贡献，将安培誉为"电学中的牛顿"，以表彰他在电磁学领域所取得的卓越成就。安培的理论不仅加深了我们对电磁现象的理解，更为现代科技的发展提供了坚实的理论基础，从电力工业到信息技术，从科学研究到日常生活，安培的贡献无处不在。他的名字将永远镌刻在人类探索自然奥秘的辉煌篇章之中。

安培关于电磁学的四大理论

●安培定则（右手螺旋法则）

安培定则是一种直观的方法，用于确定电流通过导线时产生的磁场方向。通过应用右手螺旋法则，我们可以简单地通过手势判断磁感线的环绕方向。这一法则不仅简化了磁场方向的确定过程，也为电磁学的教育和普及做出了重要贡献。

●电流的相互作用规律

安培发现了电流之间的相互作用，即当两条平行载流导线的电流方向相同时，它们会互相吸引；而当电流方向相反时，则会互相排斥。这一规律奠定了电动力学的基础，并被视为电磁学中的重要定律之一。

●安培环路定律（安培定律）

安培通过数学方法总结了电流元之间的作用力定律，即安培定律。该定律描述了两电流元之间的相互作用与它们的大小、间距以及相对取向之间的关系。安培定律后来成了麦克斯韦方程组的基本方程之一，对电磁理论的建立起到了关键作用。

●分子电流假说

安培提出了分子电流假说，这是一种理论化的假设。他认为，磁性物质内部存在着无数微小的"分子电流"，这些电流沿着闭合路径流动，形成小磁体，从而解释了物体的宏观磁性。这一假说再次将电和磁统一起来，并为后来的电磁现象提供了重要的物理解释。

3. 人类进入电气时代的标志——法拉第电磁感应定律与发电机

在19世纪初的英国，一个名叫迈克尔·法拉第的青年，凭借对科学的无限热爱和不懈追求，书写了关于电磁感应的传奇。他的这项发现不仅深刻改变了人类对自然界的认识，还为现代电力工业的发展奠定了基石。

1791年，法拉第出生于英国萨里郡纽因顿的一个普通铁匠家庭，他自幼家境贫寒，几乎没有受过正规教育。然而，他凭借自学，对科学产生了浓厚的兴趣，尤其是对电学和磁学的奥秘充满了无限的好奇。1812年，法拉第有幸成为著名化学家戴维的实验助手，这成了他人生的重要转折点。在戴维的实验室里，法拉第不仅学到了许多化学知识，更重要的是，他得以近距离观察并参与了当时的尖端科学研究，这激发了他深入探索电磁现象的决心。

1820年，丹麦物理学家奥斯特发现电流能够产生磁场，这一发现像一道闪电划破了科学的夜空，也照亮了法拉第的研究道路。法拉第敏锐地意识到，磁场的变化或许也能反过来产生电流，这就是电磁感应现象的初步构想。为了验证这一猜想，法拉第开始了长达十年的艰苦实验。在那些日子里，法拉第的实验室成了他第二个家。他尝试了各种各样的实验装置，从简单的线圈到复杂的机械装置，

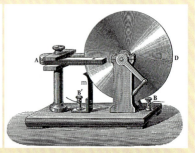

图 2.11　迈克尔·法拉第（1791—1867，英国物理学家、化学家）

图 2.12　迈克尔·法拉第在1831年实验的绘图（展示了线圈之间的电磁感应，使用的是19世纪的设备，该图摘自1892年的电学教科书）

图 2.13　法拉第圆盘 [建于1831年，是第一台发电机。马蹄形磁铁 (A) 通过圆盘 (D) 产生磁场。当圆盘转动时，会感应出从中心向边缘径向向外的电流。电流通过滑动弹簧触头 (m) 流出，经过外部电路，通过轴回到圆盘中心]

不断变换磁场与导体的相对运动方式，试图捕捉到那一丝可能存在的感应电流。无数次失败并没有让他气馁，反而更加坚定了他的决心。他坚信，自然界的规律是和谐而统一的，只要方法得当，就一定能揭示出其中的奥秘。

终于，在 1831 年，法拉第取得了突破性进展。他通过实验发现，当闭合电路的一部分导体在磁场中做切割磁感线运动时，导体中就会产生电动势，这就是著名的法拉第电磁感应定律。

法拉第电磁感应定律描述了电磁感应现象中感应电动势的产生原理。电磁感应是指闭合电路的一部分导体在磁场中做切割磁感线运动时，导体中会产生电流。具体而言，感应电动势的大小与穿过这一电路的磁通量的变化率成正比，数学表达式为 $E=n\Delta\Phi/\Delta t$[1]。这是法拉第电磁感应定律最普遍的表达式，表明了感应电动势的大小取决于磁通量变化的快慢和线圈匝数。

俄国物理学家楞次后来确定了感应电动势和感应电流的方向，即楞次定律。法拉第的电磁感应定律随后被纳入麦克斯韦的电磁场理论，从而获得了更加深刻的意义。

法拉第并没有停止探索的脚步，他继续深入研究电磁感应现象，提出了电磁场的概念，并预言了电磁波的存在。尽管当时的技术条件无法直接证明电磁波的存在，但法拉第的预言后来得到了麦克斯韦理论的验证，成为现代物理学的重要基石之一。

基于自己的理论研究，法拉第发明了圆盘发电机，这是现代发电机和电动机的前身。他的发电机利用磁铁产生磁场，通过转动圆盘切割磁感线，从而在圆盘边缘产生电流。这一发明标志着人类进入了电气时代，使得电能的大规模生产和远距离输送成为可能。

法拉第的电磁感应定律和发电机的发明对科学技术产生了深远的影响。他的工作不仅推动了电力照明、电力牵引、电动机等领域的发展，而且为后来的科学家们提供了探索自然界基本相互作用的新途径。法拉第被誉为"电学之父"和"交流电之父"，他的发现被认为是 19 世纪最重大的科学事件之一，对科学进步和工业发展产生了巨大的影响。

---

[1] E 为感应电动势，n 为线圈匝数，$\Delta\Phi$ 代表在 Δt 时间内磁通量的变化量。Δ 为希腊字母，它的英文名称为 Delta，它的中文音译是德尔塔，它代表微小的变化量。

4. 19 世纪物理学皇冠上的明珠——麦克斯韦方程

$$\nabla \cdot E = \frac{\rho}{\varepsilon_0}$$

$$\nabla \cdot B = 0$$

$$\nabla \times E = -\frac{\partial B}{\partial t}$$

$$\nabla \times B = \mu_0 \left(J + \varepsilon_0 \frac{\partial E}{\partial t} \right)$$

图 2.14　詹姆斯·克拉克·麦克斯韦（1831—1879，英国物理学家、数学家）

图 2.15　真空中的麦克斯韦方程组（式中 E 代表电场，B 代表磁场，ρ 代表电荷密度，J 代表电流密度，ε_0 代表真空介电常数，μ_0 代表真空磁导率）

　　麦克斯韦对法拉第的工作进行了深入研究，并在 1855 年发表了《论法拉第的力线》（*On Faraday's Lines of Force*）的论文。法拉第对麦克斯韦的工作给予了高度评价，并鼓励他继续在电磁学领域做出更多贡献。麦克斯韦在 1864 年的论文《电磁场的动力学理论》（*A Dynamical Theory of the Electromagnetic Field*）中，总结了前人和自己的研究成果，发展了法拉第的场模型，并提出了电磁场理论。他阐述了变化的电场如何激发磁场，以及变化的磁场又如何激发电场，从而形成了统一的电磁场概念，并指出电场和磁场的变化以横波形式在空间中传播，进而形成了电磁波。

　　麦克斯韦方程组是一组包含四个偏微分方程的方程组，它们完整地描述了电磁现象的本质和规律。方程组展示了电场与磁场相互转化的对称性，以及电磁相互作用的完美统一。这些方程表达了电荷产生电场、磁单极子不存在的事实，以及电流产生磁场和变化的磁场产生电场的规律。麦克斯韦的方程组不仅为电磁学提供了数学基础，还预测了电磁波的存在，并将光视为一种电磁波。

享利希·鲁道夫·赫兹在 1886 年至 1888 年间通过实验验证了麦克斯韦的理论，证明了电磁波的实际存在，并计算出电磁波的传播速度等于光速。赫兹的实验结果揭示了光现象和电磁现象之间的联系，确认了光是一种电磁波。赫兹的研究成果发表后，使得麦克斯韦的理论得到了广泛接受。

麦克斯韦在 1873 年出版的《电磁通论》（*A Treatise on Electricity and Magnetism*）中，汇总了从库仑、安培、奥斯特到法拉第的电磁学理论，并结合自己的研究成果，全面阐述了电磁学理论。这本书被认为是电磁理论的集大成之作，揭示了电磁现象的普遍规律，标志着电磁理论体系的成熟。

麦克斯韦方程组的重要性不言而喻，现代科学技术的许多发明创造，如收音机、电视、计算机、微波炉、激光器、X 射线装置、移动电话、光导纤维和无线网络等，都离不开麦克斯韦及其同代科学家的贡献。麦克斯韦的工作不仅推动了电磁学理论的发展，也为后来的技术创新和工业应用提供了理论基础，对人类社会产生了深远的影响。

物理学家理查德·菲利普斯·费恩曼写道："展望人类历史的远景，比方说，从现在开始的一万年后，再回过头来看。那么，毫无疑问，麦克斯韦发现电动力学定律将被评为 19 世纪最重大的事件。"

5. 电磁学发展对社会的影响——第二次工业革命

第二次工业革命，也被称为电气化革命，发生于 19 世纪中后期至 20 世纪初，是继第一次工业革命之后的又一次重大技术飞跃。电磁学理论的发展推动了电磁技术的广泛应用，这些技术在第二次工业革命中发挥了至关重要的作用。

第二次工业革命的核心之一是电力的广泛应用。发电机和电动机的发明是电磁技术应用的重要成果，使得电力的大规模生产、传输和利用成为现实。电力逐渐取代了蒸汽动力，成为工厂、交通运输和家庭生活的主要能源。随着电力需求的增长，电力系统的建立成为必然。发电站、输电线路、配电网络等基础设施的建设，使得电力能够高效、稳定地供应给广大用户。电力系统的建立不仅满足了工业生产的需要，也促进了社会经济的全面发展。家用电器和电气化交通的发明与普及是电磁学应用的又一重要成果，它们不仅改善了人们的生活质量，提高了家庭生活的便利性，还促进了区域间的经济联系和人员流动，推动了城市化进程。

电磁学的发展也推动了通信技术的革新。电报的发明使得远距离即时通信成为可能，极大地促进了信息的传播和交流。随后，电话、无线电等通信技术的出现，进一步改变了人们的生活方式和社会结构。这些通信技术的广泛应用，不仅提升了信息传播速度，还加速了全球化进程的发展。

电磁学的发展推动了生产力的巨大提升，促进了技术的进步和社会的变革。电磁学的应用，使得电力、通信、交通等领域取得了巨大进展，为现代社会的形成和发展奠定了坚实的基础。同时，电磁学的发展也促进了科学研究与技术创新的互动，推动了化学工业、材料科学、医疗技术等领域的创新，推动了整个社会的进步。电磁学的发展对第二次工业革命产生了深远而广泛的影响。

图 2.16　亚历山大·格雷厄姆·贝尔在纽约至芝加哥长途线路开通时的照片

图 2.17　托马斯·爱迪生第一个成功的电灯泡模型（在 1879 年 12 月的门洛公园公开演示中使用）

图 2.18　卡尔·费迪南德·布劳恩于 1897 年发明的世界上第一台阴极射线管示波器

图 2.19　特斯拉发明的交流感应电动机（现收藏于伦敦科学博物馆）

第 3 章
原子、生物与星辰的和谐旋律
—— 磁的交响曲

磁感应现象在引导红海龟幼崽游向大海的过程中发挥着重要作用/Wikipedia

1. 微观世界的魔力 —— 原子的磁性

原子是构成物质的基本单位。原子虽小，但其内部结构复杂而精妙，由原子核和电子组成。原子核位于原子中心，由带正电的质子和不带电的中子组成。质子由更小的夸克和胶子构成。电子带负电，围绕原子核高速运动。原子核和电子的磁性是原子的基本属性之一，对原子的化学性质和物理行为有重要影响。了解原子的磁性，有助于我们深入认识物质的本质，也为相关技术的发展提供了理论基础。

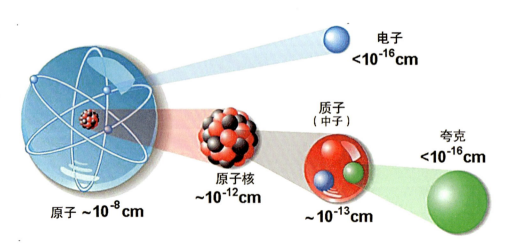

图 3.1　原子结构 /nuclear-power.com

奇数质量数
（氢）-1

偶数质量数
（碳）-12
（氧）-16

（a）磁性

（b）非磁性

图 3.2 磁性和非磁性原子核 /Magnetic Resonance Imaging

　　单个原子核的磁性由其中子和质子的数量决定。只有某些具有奇数个中子和质子的核素才具有磁性。组成原子核的质子和中子具有固有的角动量或自旋。质子和中子对以这样的方式排列，即它们的自旋相互抵消。然而，当质子或中子的数量为奇数（奇数质量数）时，一些自旋将不会被抵消，整个原子核将具有净自旋特性。带电荷粒子（如原子核）的这种自旋特性产生了一种称为磁矩的磁性 。正是由于这个原因，具有磁性的原子核（如质子）通常被称为具有核自旋。原子核的磁性或磁矩具有特定的方向。在图 3.2 中，穿过原子核的箭头表示磁矩的方向。

　　原子核具有磁矩[1]，即它具有磁性。

　　中子也有磁矩，大小为 $M = -1.913 M_N$，且中子的磁矩与质子的磁矩方向相反，这一特性使其能够应用于中子衍射技术。

---

[1] 原子核磁矩的大小为 $M_N = \frac{\mu_0 \, eh}{2 \, m_p} = 6.33 \times 10^{-33}$ Wbm$= \frac{1}{1836} M_I$。其中， μ_0 是真空磁导率，e 是元电荷，$\hbar$ 是约化普朗克常数，m_p 是质子质量，M_I 是电子轨道磁矩。

电子有两种磁矩：轨道磁矩和自旋磁矩。

（1）轨道磁矩[1]：电子绕原子核运动，相当于一个环形电流，从而产生轨道磁矩 M_l。

（2）自旋磁矩[2]：电子自身也在旋转，类似于一个带电的陀螺，从而产生自旋磁矩 M_s。

电子的磁矩是量子化的，只能取特定的值。

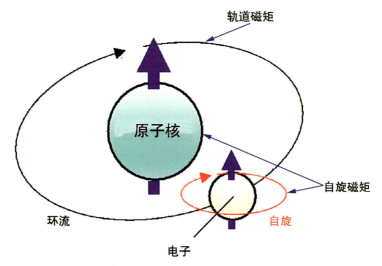

图 3.3　原子磁矩 [自旋磁矩来自原子核和电子的旋转，轨道磁矩来自带电粒子（电子）绕原子核的旋转]/ 东京大学

磁性与电性一样，是物质的本征特性。中子不带电但具有磁矩，这表明磁性可能是物质的一种基本特性。磁性在原子中的作用非常重要，如在核磁共振技术中，原子核的磁矩会在外加磁场中取向，产生可观测的信号。

---

[1]　轨道磁矩的大小为 $M_l = -\frac{\mu_0 e\hbar}{2 m_e} L$。其中，$m_e$ 是电子质量，L 是局域电子的轨道量子数。

[2]　自旋磁矩的大小为 $M_s = -\frac{\mu_0 e\hbar}{2 m_e} S$。其中，$S$ 是电子的自旋量子数，其取值只能是 $\pm\frac{1}{2}$。

2. 星际中的磁场 —— 天体磁性

　　宇宙中的磁场无处不在，它们遍布广袤的宇宙空间。地球磁场的强度约为 0.5 高斯，而月球的磁场强度仅为地球的万分之一至千分之一。太阳的磁场强度则在 1~5 高斯之间，水星的磁场强度大约是地球的百分之一。特别值得注意的是中子星 SGR1806–20，它的直径约为 16 千米，质量却是太阳的 10 倍。通过测量其自旋速度和变化，科学家们计算出其磁场强度高达 1 000 万亿高斯。地球上的科学家目前还未能实现如此高的磁场强度，这引发了对产生如此强磁场机制的好奇心。

图 3.4　SGR 1806–20 磁星的艺术构想（包括磁感线）/NASA

表 3.1　宇宙天体中的磁场

磁场名称	磁通密度（B）/T
地球磁场	约 5×10^{-5}
太阳一般磁场	约 10^{-4}
太阳黑子磁场	约 $10^{-2} \sim 10$
月球磁场	约 10^{-9}
脉冲星磁场	约 $10^{8} \sim 10^{9}$
星际空间磁场	约 $10^{-13} \sim 10^{-9}$

　　地球磁场是保护我们星球免受宇宙射线和太阳活动侵害的重要屏障。地球的磁力线可以延伸至几万千米甚至更远的空间，从而形成"磁层"。磁层的存在有效地保护了地球免受太阳风的冲击，太阳风是高速带电粒子流，速度可达

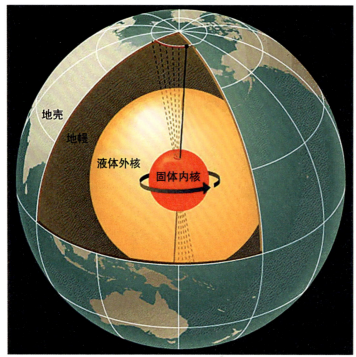

图 3.5　地球内部结构
（致密的固体金属核、黏稠
的金属外核、地幔和硅酸盐
基地壳）/NASA

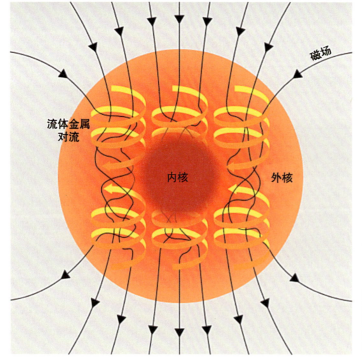

图 3.6　产生地球磁场
机制图示（地球外核中的流
体金属对流在内核热流的
驱动下，通过科里奥利力
组织成卷，产生循环电流，
从而产生磁场）/Andrew Z

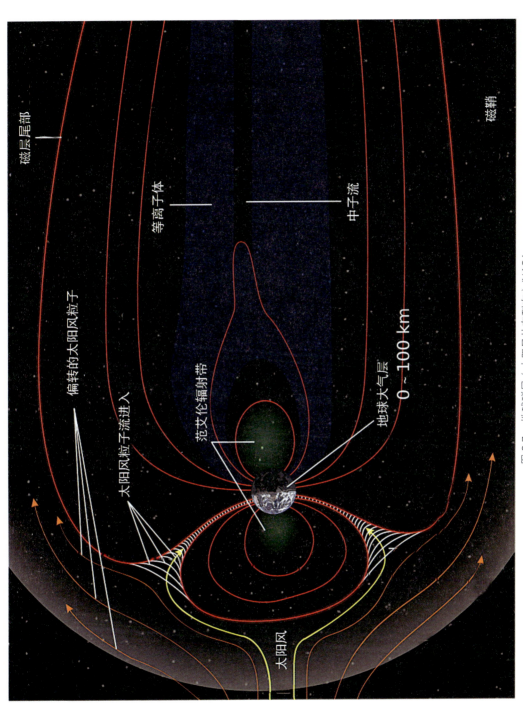

图 3.7　地球磁层（太阳风从左到右）/NASA

1 000~2 000 千米每秒。这些高能粒子若直接冲击地球，将对人类健康造成极大威胁，例如增加人体组织癌变的风险。地球的磁场通过洛伦兹力的作用，使这些带电粒子发生偏转，从而避免了它们直接到达地面。

在地球的南、北两极地区，磁场线与高能粒子的运动方向基本平行，洛伦兹力作用较弱，因此部分高能粒子能够进入大气层，并与大气中的原子、分子和离子发生剧烈碰撞，激发出特征光谱线，形成了五彩缤纷的极光现象。

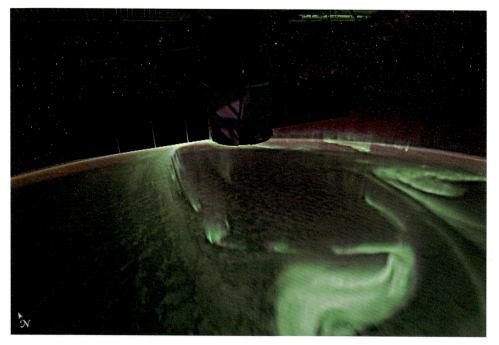

图 3.8　2017 年从国际空间站看到的南极光 /NASA

太阳黑子是太阳表面上的暗区，实际上是太阳最外层在内部核聚变能量推动下形成的磁场旋涡。通过塞曼效应，科学家首次观测到了太阳磁场，并发现太阳黑子区域的磁场强度可高达数千高斯，这是太阳表面磁场最强的区域之一。由于磁场可以降低磁熵，太阳黑子区域的温度通常比周围区域低，因此呈现出黑色。

太阳的体积是地球的 130 万倍，尽管太阳黑子看似只是太阳表面的"小黑点"，但实际上它们的规模非常庞大。现今世界公认的最早的太阳黑子观测记录，记载在《汉书·五行志》中："河平元年（公元前 28 年）……三月乙未，日出黄，有

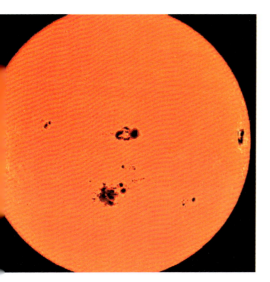

图 3.9　太阳黑子

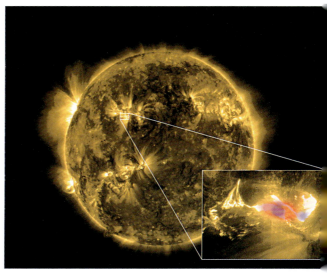

图 3.10　欧洲空间局太阳轨道器观测到的太阳耀斑
（蓝色和红色表示不同类型 X 射线的来源）

图 3.11　2012 年耀斑爆发引起日冕物质抛射

黑气大如钱，居日中央。"这段记录详细叙述了太阳黑子出现的时间与位置。然而，由于古代不存在电子设备，太阳黑子对人类生活的影响并未被当时的人们所认识。太阳上的耀斑和日冕物质抛射是两种大规模的磁活动现象，它们会释放大量带电粒子飞向地球，影响地球磁场，可能导致无线电信号中断，通信和导航设备故障，甚至对人造航天器和卫星造成损害。

19 世纪以来，随着无线电技术和信息化的普及，太阳黑子和耀斑爆发对人类社会的影响日益显著。1859 年发生的特大耀斑爆发，其能量相当于 100 亿颗氢弹，导致当时的通信系统瘫痪，并在两极地区产生了异常强烈的极光。这次事件凸显了太阳活动对地球通信技术的潜在威胁。

太阳黑子的活动周期约为 11 年，其数量变化和运动周期对地球气候有一定影响。2022 年，太阳黑子引起的耀斑爆发多次影响地球，包括我国在内的多个地区的无线信号受到干扰。此外，太阳活动还可能对航天活动造成不利影响。2022 年 2 月，美国太空探索技术公司（SpaceX）发射的 49 颗星链卫星因太阳耀斑引发的地磁风暴而未能进入预定轨道，最终在大气层中烧毁。

图 3.12 "羲和号"卫星在上海完成总装和集成测试

国家卫星气象中心监测显示，本轮太阳活动周期已进入峰年阶段。根据最新研判，本轮太阳活动周期的峰值预计在 2025 年到来。太阳黑子和耀斑爆发对现代社会的影响警示我们，需要加强对太阳活动的监测和研究，以更好地预防和减轻其对地球的潜在影响。2023 年，我国先后发射了"羲和号"和"夸父一号"两颗探日卫星，

图 3.13　"羲和号"卫星获得的 Hα 太阳全日面像

正式迈入了空间探日时代。通过观测和研究太阳磁场、耀斑和日冕物质抛射的形成机制，以及它们之间的关联和相互作用，我们可以更及时地预报太阳活动对人类社会的影响。

地球磁场的变化也与地震活动有关，卫星可以利用这一特性来探测地震的位置和强度。此外，适宜的磁场对于人类宜居的星球来说是一个重要因素。

地球是一个巨大的磁体，地磁场对地球上的生命体至关重要。目前，地球的北磁极正在向西伯利亚方向移动，而南磁极则向澳大利亚海岸方向移动。科学家推断，磁极大约每 1.5 万年会发生一次易位，这一过程中会经历零磁场的阶段，所以每次易位都可能导致大量动物死亡。例如，恐龙和猛犸象的灭绝可能与磁极易位有关。在未来 1 000 年内，地球磁场可能会显著减弱，甚至发生南北磁极大翻转，这将对地球生态环境产生重大影响。

需要注意的是，地球磁场的南北极与地理南北极并不总是一致的。3 万年前，地球磁场的南北极与地理南北极基本一致，而今天它们却是相反的。地磁场的方向不断变化，虽然在一段时间内相对稳定，但从科学角度来看，它并不适宜作为导航的永久参照。古代的指南针已被现代的卫星定位系统（如北斗卫星导航系统）

所取代。然而，在战争或卫星定位系统受到干扰的情况下，地磁场定位仍然是一个可靠的选择。

地球磁场的变化还会影响气候。据《世界地理》2023年的文章报道，地球磁场的南偏将影响太平洋以东洋面的海水涌流，改变热带气旋的强度，并影响西伯利亚寒冷气流，导致中国长江中下游地区气温上升超过15℃。这种气候变化的周期大约为80年，预计在未来80年内，昆明、成都、重庆、武汉、南昌等城市将会因气候变化而变得更加宜居。

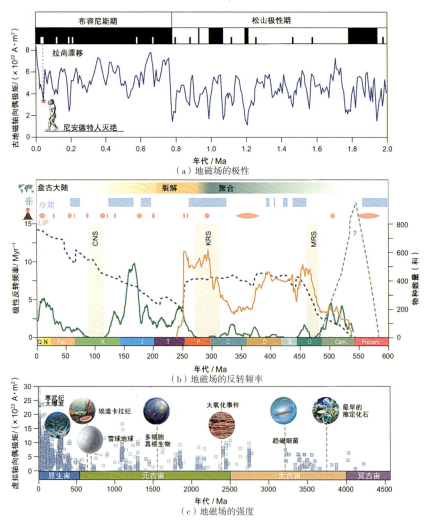

图 3.14　地磁场的极性、反转频率和强度与主要的地质和生物事件有关 / 国家科学评论，潘永新、李金华

3. 神奇的第六感 —— 生物磁性

在古代，由于缺乏现代的通信技术，人们发明了各种利用动物进行通信的方法，如"鸿雁传书，鱼传尺素"。其中，飞鸽传书是一种非常有效的方式。信鸽利用其归巢的本能和出色的记忆能力，可以跨越长距离传递信息。信鸽在飞行中以地磁场作为导航系统，帮助自己找到回家的路。

然而，科学家发现，当信鸽经过雷暴雨区域时，因雷暴雨导致局部磁场改变而干扰了信鸽的地磁导航，使信鸽无法按原定路线前进，而是会围绕雷暴区域盘旋。这表明，动物的导航能力与地磁场密切相关。

除了信鸽，许多其他动物也具备利用地磁场进行导航的能力。例如，蜜蜂在

(a) 北极燕鸥 (*Sterna paradisaea*)

(b) 红海龟 (*Caretta caretta*)

(c) 岩鸽 (*Columbia livia*)

(d) 展示这三种动物旅程的示意图 [白色轨迹显示北极燕鸥的迁徙路线，格陵兰的燕鸥群在 8 月离开它们的繁殖地（白色圆圈），沿着巴西海岸的迁徙路线，在南半球的冬季（12 月至 4 月）到达南极地区（白色方块）；紫色轨迹显示红海龟的迁徙路线，它们在佛罗里达东海岸孵化，环绕北大西洋环流，然后返回同一片海岸线筑巢；黄色轨迹显示一只鸽子在法国巴黎市周围的归巢范围（大约 500 公里）]

图 3.15　令人惊奇的动物旅程 /PLOS Biology，2017

采蜜后能够凭借地磁场的指引返回蜂巢。甚至体型较大的鳄鱼，如果被人为迁移到远离其原始栖息地的地方，它们仍然能够凭借地磁场的导航，找到回到原来栖息地的路线。

科学家还进行了一项有趣的实验：在鳄鱼头部两侧贴上永磁体。由于永磁体产生的磁场远高于地磁场，这干扰了鳄鱼依赖地磁场进行导航的能力，导致它们无法再找到回到原来栖息地的路线。

那么，动物是如何感知地磁场，并利用它进行导航的呢？科学家发现，一些动物体内存在磁性颗粒，这些颗粒可能与动物感知地磁场有关。例如，1975 年，

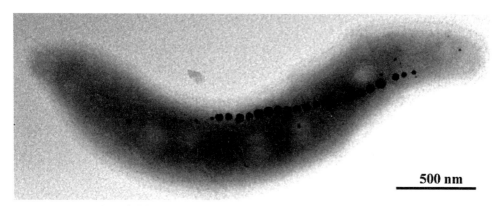

（a）磁螺菌菌株 AMB-1 细胞的 TEM 显微照片（显示出立方八面体磁小体链）

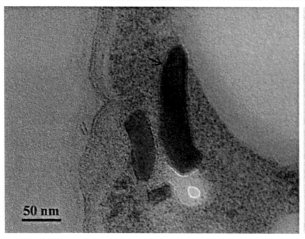

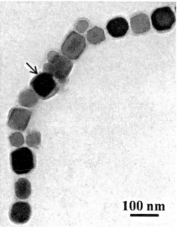

（b）候选莫哈韦磁卵菌（*Candidatus* Magnetoovum mohavensis）细胞超薄切片的 TEM 显微照片 [显示了磁小体膜（箭头）包围子弹形磁铁矿晶体]

（c）从海洋磁球菌 MC-1 菌株（*Magnetococcus marinus* MC-1）细胞中提取和纯化的磁小体链的 TEM 显微照片

图 3.16　磁性细菌的透射电子显微镜 (TEM) 图像 / Microbiology and Molecular Biology Reviews,2013

科学家在海底发现了含有纳米磁性颗粒的细菌。这些磁性细菌能在地磁场的引导下聚集在海底，这有利于它们的生长和繁殖。南京大学纳米磁学组同样在南京玄武湖等湖泊中发现了磁性细菌，所发现的磁性弧菌的磁性颗粒呈现长方形，约 120 nm × 80 nm。除了国外报道的条形磁性细菌，他们还发现了磁性球菌，并在淡水湖泊中发现了磁性细菌。值得注意的是，球菌在国际上是首次报道。

地磁场不仅在动物的导航中发挥作用，还可能影响动物的行为和迁徙。例如，海龟会利用地磁场进行长距离的迁徙。它们从出生地美国佛罗里达诞生后，会航行到葡萄牙，在葡萄牙生活 5~7 年后，又回到出生地。科学家分析发现它们的迁徙路径沿着磁倾角 60° 的方向，因此地磁场起到了导航的作用。至于海龟为什么要到葡萄牙去，过了 5~7 年后又要回到美国出生地，至今还是一个谜。青年朋友们有兴趣去研究吗？

动物的地磁导航能力是一种非常神奇的现象，它展示了自然界中生物与地球磁场之间微妙而复杂的联系。对这一现象的研究，不仅有助于我们更好地理解动物行为，也可能为人类开发新型导航技术提供灵感。同时，这也提醒我们，地球磁场对生态系统和生物多样性具有重要的影响，保护地球磁场的稳定，对维护地球生命的重要性不言而喻。

此外，科学家对人脑的研究也表明，人脑中存在大量纳米磁铁矿颗粒，特别是在与记忆相关的海马区和颞叶区。这引发了科学家对人脑磁性颗粒与记忆关系的好奇。也许人脑是"室温自旋量子计算机"呢？

人体中的磁性不仅存在于大脑，生物体（包括人类）都具有一定的弱磁性。这种弱磁性来源于生物体内部的生理活动，特别是生物电流的流动，这些电流会产生相应的磁场。在人体中，不同器官产生的磁场强度各不相同，具体如下：

心磁场：大约为 10^{-10} 特斯拉（T）。

脑磁场：大约为 5×10^{-13} T。

特斯拉（T）是衡量磁场强度的国际单位，1 特斯拉（T）等于 10^4 高斯（G）。地磁场大约为 5×10^{-5} T。

人脑是一个复杂的器官，由大约 860 亿个神经元和超过 $(2.42 \pm 0.29) \times 10^{14}$

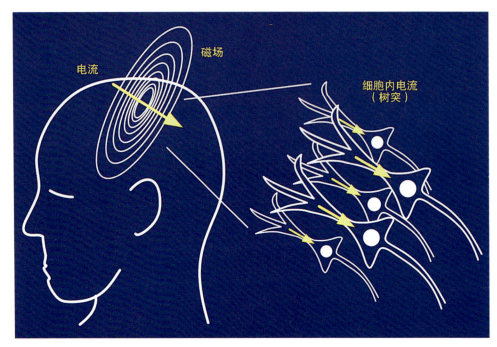

图 3.17　大脑磁场的产生

个突触组成，这些突触有助于神经元之间的通信。由神经元活动引起的突触后初级电流是大脑磁场的来源，也是脑电图（EEG）和脑磁图（MEG）信号的主要来源。脑电图是一种已经在临床医疗中广泛应用的技术，它通过测量大脑的电活动来帮助诊断脑部疾病。然而，接受脑电图检测时需要将电极与头皮紧密接触，这在某些情况下可能会受到限制。美国加州理工学院利用脑电记录受试者脑电波活动，捕捉到人类磁感信号，受试者只有在实验磁场和环境磁场方向一致时大脑才会做出反应。这是人类潜意识中一种未知的"第六感"。

　　相比之下，脑磁图是一种新兴的非侵入性技术，它测量的是大脑的磁场而非电场。与脑电图不同，接受脑磁图检测时不需要将仪器与人体头部紧密接触，这使得它能够提供更全面、更迅速的人体健康诊断信息。

　　目前，能够室温工作且具有高灵敏度的微弱磁场测定仪正在研发中，其灵敏度可达 10^{-20} fT·$Hz^{-1/2}$。这种原子磁强计有望用于脑磁图的测量，国内已经在

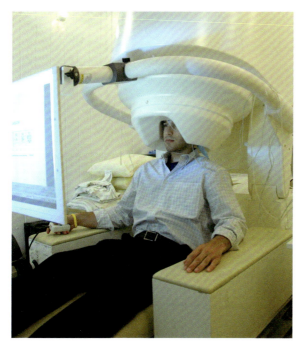

图 3.18　接受 MEG 检测的患者

积极进行相关医疗检测仪器设备的研发工作。这种技术的成功开发将对医疗诊断领域产生重大影响，尤其是在脑部疾病的早期诊断和治疗方面。

生物体的弱磁性为我们提供了一种全新的视角来探索和理解生命现象。脑磁图作为一种新兴的医疗技术，有望在未来的医疗诊断中发挥重要作用。随着科技的进步，我们有理由期待脑磁图技术能够早日成熟并广泛应用于临床医疗，为人类的健康事业做出更大的贡献。

第4章
神秘的物质磁性
——看不见，摸不着

物质的磁性 /Maciej J. Mrowinski

本章节中，我们将从磁性的基本概念出发，过渡到对磁学基本量与单位制的简单介绍，再具体介绍磁性的分类，逐步揭开磁的神秘面纱。通过这段旅程，你将对磁性有一个全面的认识。让我们一起启程，探索磁性的奇妙世界吧！

1. 探索磁性的基石——磁性的基本概念

磁荷假说

在人类对磁性的早期探索中，磁荷假说扮演了一个关键角色。这一理论以简单而直观的方式解释了磁性现象，激发了我们对自然界的好奇心。在此基础上，科学家们建立了高斯单位制 (CGS 单位制)。

磁荷假说起源于人们对天然磁性体的观察，尤其是对天然磁铁矿的研究。人们发现，无论磁铁矿被分割成多么小的碎片，每个碎片总能展现出两个磁极：一个指向地球的北极，称为南极；另一个指向地球的南极，称为北极。这种特性启发了科学家们提出一个假设：宏观物体的磁性可能源于内部的"元磁偶极子"。

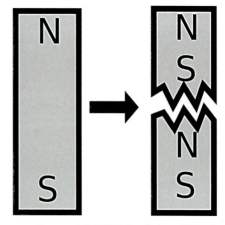

图 4.1　磁荷假说（如果将条形磁铁切成两半，结果并非一半成为北极，另一半成为南极。相反，切割后的每一块磁铁都会有自己的北极和南极）

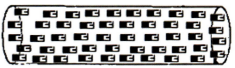

(a) 磁化前　　　　　　　　　　　　　　　　　　（b）磁化后

图 4.2　磁荷观点下磁化前后的磁介质（磁荷观点为磁性提供了一个直观易懂的解释：想象磁介质由无数微小磁铁构成，每个小磁铁都具备 N 极和 S 极。在没有外部磁场作用时，这些小磁铁的排列方向杂乱无章，导致整个材料看似不具磁性。然而，一旦施加外部磁场，这些小磁铁就会开始顺应磁场方向排列，进而使材料显现出磁性）

所谓的元磁偶极子，是指由一对强度相等、极性相反的"磁荷"组成的系统。这两个磁荷被想象为无限接近的点，它们之间的相互作用产生了磁性效应。这种模型与电荷的概念相似，电荷也有正负之分，可以产生电场。磁荷假说将磁性描述为由类似电荷的磁荷所产生的现象。

尽管磁荷假说在现代物理学中已不再是主导理论，但它在历史上起到了桥梁的作用，以直观的方式帮助人们理解磁性现象的基本原理，并在早期帮助科学家们建立起对磁性的基本理解，为后来更深入的磁性研究提供了出发点。

分子电流假说

继磁荷假说之后，另一个重要的理论应运而生——分子电流假说，它为我们理解磁性提供了全新的视角，用电流的概念解释了磁性现象，为磁性的研究和应用开辟了新的道路。在此基础上，科学家们建立了国际上通用的标准磁学单位。

19 世纪初，安培基于对电流与电流、电流与磁体、磁体与磁体相互作用的深入研究，提出了一个革命性的概念：磁偶极子与电流回路在磁性上具有相当性。这一原理进一步引出了宏观物体的磁性可能源于分子电流假说。

根据分子电流假说，宏观物质的磁化强度可以被定义为单位体积内所有"分子电流"磁矩的矢量和。这一定义将磁性的产生与电荷的流动直接联系起来，为磁性的研究提供了一个清晰的物理模型。

分子电流假说在电磁学领域具有重要的意义，它不仅解释了磁性的产生，还与安培的电流环路理论相吻合，为电磁学的发展奠定了基础。此外，这一假说也为现代电磁学教材中对磁性的描述提供了理论基础。

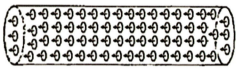

(a) 没有外磁场   (b) 有外磁场

图 4.3   分子电流观点示意图（这一观点认为，磁介质中的每个微小部分实质上构成了一个细小的电流环。在无外磁场作用时，这些电流环的排列是随机的，因此不会展现出明显的磁性。然而，一旦施加外磁场，这些电流环便会开始顺应磁场方向排列，从而产生磁性）

两种假设的比较

这两种假设各自从不同角度解释了磁性的起源，帮助我们理解磁介质是如何磁化的，就像是用不同的方式解释同一个魔术的奥秘。无论是小磁铁还是微小的电流环，它们在磁场的作用下都找到了自己的位置，从而让整个材料变得有磁性。

相较之下，分子电流假说由于更接近于物质磁性起源的真实情况，而逐渐被广泛认可。这主要有以下几个原因。

（1）电子的轨道磁矩：电子绕原子核的运动产生轨道电流，从而形成磁矩，这支持了分子电流假说。

（2）磁单极子的缺失：狄拉克曾预言磁单极子的存在，但至今尚未发现，这削弱了磁荷假说的基础。

（3）对抗磁性的解释：磁荷假说无法解释抗磁性物质的存在。

尽管磁化介质激发的场根源于分子电流，并不存在磁荷，但在实际应用中，仍然可以通过等效磁荷方法简便快捷地计算磁场。

磁学基本量与单位制

那么物理学家们又是如何描述磁性的强弱呢？

要深入研究磁性，首先需要知道如何描述它。在磁学的领域中，有几个关键的物理量用于描述磁性现象。

（1）磁感应强度（B）：描述磁场对运动电荷或磁极的作用强度，包含周围介质的磁化效应，是描述磁场的本征物理量。SI 单位是特斯拉（T），CGS 单位是高斯（G）。换算关系为 $1\,G = 10^{-4}\,T$。

（2）磁场强度（H）：也称为磁化场或安培场，由产生磁场的电流源直接计算得出，不考虑周围介质的磁化效应，并非磁场的本征物理量。SI 单位是安培每米（A/m），CGS 单位是奥斯特（Oe）。换算关系为 $1\,Oe = (10^3/4\pi)\,A/m$。

（3）磁矩（μ）：衡量物体磁性大小的物理量，是一个矢量，定义为磁性物质或系统的磁极性源。

（4）磁化强度（M）：表示材料磁化程度的物理量，定义为材料单位体积内的磁矩大小。SI 单位是安培每米（A/m），CGS 单位是高斯（G）。换算关系为 $1\,G = 10^3\,A/m$。

（5）磁化率（χ）：描述材料磁化程度的物理量，定义为材料磁化强度与磁场强度之比，即 $\chi = M/H$。

（6）磁能积（E）：指储存在磁场中的能量，可以是磁化能量或由于磁场存在而储存在磁性材料中的能量。SI 单位是焦耳每立方米（J/m^3），CGS 单位是

表 4.1　描述磁性现象的常用物理量

物理量	符号	国际单位制	高斯单位制	转换
电荷	q	C	Fr	$1\,C = (10^{-1}c)\,Fr$
电流	I	A	$Fr \cdot s^{-1}$	$1\,A = (10^{-1}c)\,Fr \cdot s^{-1}$
电动势电压	E V	V	statV	$1\,V = (10^8 c^{-1})\,statV$
电场	E	V/m	statV/cm	$1\,V/m = (10^6 c^{-1})\,statV/cm$
磁感应强度	B	T	G	$1\,T = (10^4)\,G$
磁场强度	H	A/m	Oe	$1\,A/m = (4\pi \times 10^{-3})\,Oe$
磁矩	μ	$A \cdot m^2$	G	$1\,A \cdot m^2 = (10^3)\,erg/G$
磁通量	Φ	Wb	$G \cdot cm^2$	$1\,Wb = (10^8)\,G \cdot cm^2$
电阻	R	Ω	s/cm	$1\,\Omega = (10^9 c^{-2})\,s/cm$
电阻率	ρ	$\Omega \cdot m$	s	$1\,\Omega \cdot m = (10^{11} c^{-2})\,s$
电容	C	F	cm	$1\,F = (10^{-9} c^2)\,cm$
电感	L	H	$cm^{-1} \cdot s^2$	$1\,H = (10^9 c^{-2})\,cm^{-1} \cdot s^2$

（注：$c = 29\,979\,245\,800 \approx 3 \times 10^{10}$）

高斯－奥斯特（GOe）。换算关系为 1 MGOe ＝（$10^2/4\pi$）kJ/m^3。

目前国际上通用的标准磁学单位制是国际单位制(SI)，但在历史研究过程中，还存在另一个重要的单位制，即高斯单位制(CGS)。在不同的单位制下，描述物理定律的方程式也有一定区别。

通过理解这些基本的磁性物理量及其单位，我们可以更好地分析和设计磁性材料和设备。磁性现象的研究不仅对物理学至关重要，而且在工程、技术和日常生活中具有广泛的应用——从简单的指南针到复杂的电子设备，磁性都扮演着不可或缺的角色。随着科技的发展，对磁性材料的深入研究和创新应用将继续推动我们社会的进步。

2.磁性的多样性——磁性的分类与特点

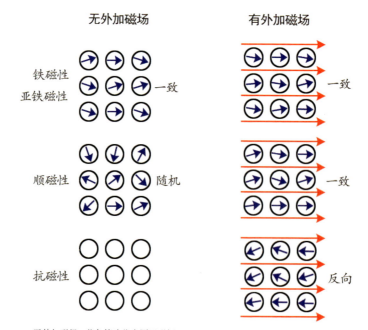

(a) 无外加磁场 (蓝色箭头代表原子磁矩)　　(b) 有外加磁场 (红色箭头为磁场磁力线)

图 4.4　铁磁性、亚铁磁性、顺磁性、抗磁性材料的内部磁矩示意图

所有物质都具有磁性，根据物质在外磁场中表现出来的磁性强弱，可将其分为抗磁性物质、顺磁性物质、铁磁性物质、反铁磁性物质和亚铁磁性物质。

抗磁性 (diamagnetism)：2000 年"搞笑诺贝尔奖"——磁场中的青蛙背后的原理

1997 年，安德烈·海姆 (Andre Geim) 和迈克尔·贝里 (Michael Berry) 进行了一项名为"悬浮青蛙"的实验。他们和同事们使用一台超导磁体产生了强度约为 16 T 的超强磁场，其磁感应强度是地球磁场的约 40 万倍。他们无意中将水滴入磁场，出乎意料的是，水并没有在重力的作用下流出，而是聚集在了超导磁体的中心，形成了一个悬浮的水球。这一现象令海姆教授十分惊讶。随后，他们将一只活青蛙放

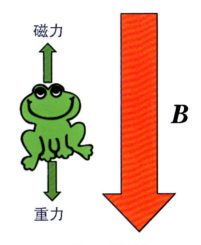

图 4.5 漂浮青蛙

图 4.6 超导磁体中悬浮的水滴

图 4.7 超导磁体中悬浮的青蛙

在磁场中，使其似乎漂浮在了空中。

　　这一现象背后的原理正是水分子的抗磁性。抗磁性是一种普遍存在但通常被其他磁性效应所掩盖的磁性，它来源于物质中的电子绕核运动的轨道在外部磁场作用下发生的微小变化，进而产生与外磁场方向相反的感应磁场，与外部磁场相对抗。抗磁性通常非常微弱，其磁化率仅为 10^{-5} 左右，需要施加非常大的磁场才能观察到明显的抗磁性。在水分子中，由于氧原子和氢原子中的外层电子形成共价键，整个分子中不存在未配对的电子，因此水分子整体不具有磁矩，这才使得其抗磁性不会被其他磁性所掩盖而表现出来。

顺磁性 (paramagnetism)：皮埃尔·居里的伟大发现

　　顺磁性和抗磁性一样，也是一种物质中普遍存在但通常容易被忽视的磁性，其磁化率通常在 10^{-5}~10^{-2} 之间。对顺磁性的研究可以追溯到 19 世纪，当时科学家们便注意到某些物质在磁场中会被轻微地吸引，并且这种吸引力与物质的温度有关。1895 年，法国物理学家皮埃尔·居里 (Pierre Curie) 发表了关于顺磁性和抗磁性物质的磁化率与温度关系的研究成果，这就是著名的居里定律。居里定律表

图 4.8 在强磁铁的两极之间悬浮的液态氧（蓝色，这是由于液态氧的顺磁性[1]）/Wikipedia

---

[1]　对铁磁性物质，磁矩作有序排列，随着温度升高，将降低有序度，在一定温度下有序排列变成无序排列，铁磁性消失，呈现自旋排列无序的顺磁性，该温度称为居里温度（Tc）。

明，顺磁性物质的磁化率与绝对温度成反比，即 $\chi = C/T$，其中 χ 是磁化率，C 是居里常数，T 是绝对温度。这一发现揭示了顺磁性物质的磁化机制，即在外部磁场的作用下，物质中未成对电子的自旋磁矩和轨道磁矩会倾向于与磁场方向一致排列，从而产生与外加磁场方向一致的磁化强度，体现出顺磁性。由于热运动的扰动，这种排列随着温度的升高而变得无序，因此磁化率随温度的升高而降低。除此之外，对于一些顺磁金属与合金，其磁化率变化与温度基本无关，这是由于金属中的电子是巡游而非局域在原子周围的，被称为泡利顺磁性。

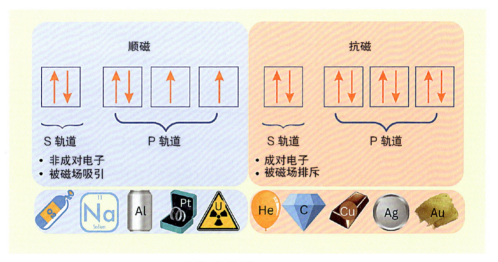

图 4.9 顺磁、抗磁比较 / Anne Helmenstine

超顺磁性 (super paramagnetism)：应用领域中的多面手

严格来说，超顺磁性并不是一种新的磁学性质，而是指纳米尺度的磁性颗粒在外部磁场下表现出的类似于顺磁性的磁性行为。通常来说，使一个磁性材料的磁矩发生翻转的能量与其体积成正比。而超顺磁性颗粒的尺寸足够小，其磁矩翻转的能量势垒低于室温下产生的热扰动 ($\sim k_{\mathrm{B}} T$ 量级)，因此尽管每个超顺磁颗粒都具有非零的净磁矩，却很容易被热扰动频繁地改变磁化状态，从而在宏观上不表现出磁性。然而，一旦施加外加磁场，这些微小颗粒的磁矩又会在磁场的作用下平行排列，表现出与顺磁性类似的磁学行为。

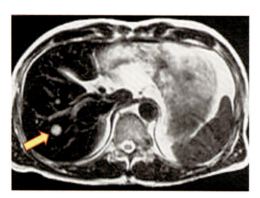

图 4.10 静脉注射菲立磁（一种超顺磁性氧化铁粒子的胶体）后的 MR 图像（可显示肝脏病变：箭头位置）

超顺磁性颗粒在生物医学领域有广泛的应用，例如在磁共振成像（MRI）中作为对比增强剂，或者作为药物载体进行靶向治疗。此外，超顺磁性的纳米磁性颗粒另一个重要的应用是制备成具有特殊性能的磁性液体。真正的磁性液体，即液态的磁性材料，至今尚未发现，现在所指的磁性液体是将纳米尺度的具有超顺磁性的磁性颗粒经过表面修饰后，根据不同的用途选择不同的基液，使磁性颗粒在基液中高度弥散。磁性颗粒在基液中呈现混乱的布朗运动，即使在重力和电、磁力的作用下也无法使其产生颗粒与基液的分离，磁性颗粒与基液融为一体，在磁场作用下做整体运动，仿佛液体具有磁性一般，从而使磁性液体既具有磁性又具有流动性，因此它具有固体磁性材料无法应用的新领域，例如气、液旋转密封，选矿中的矿物分离，任意曲面的精密抛光等。

铁磁性 (ferromagnetism)：自然界的魔术

在自然界中，有一种神秘的力量让某些物质可以相互吸引或排斥，这就是磁性。铁磁性，作为磁性的一种，是许多日常物品和现代技术中不可或缺的特性。铁磁性的秘密隐藏在物质的微观结构中。首先，在铁磁性材料当中，物质原子中需要存在未配对的电子，这样才能表现出净磁矩。其次，也是最重要的一点，即磁性原子之间需要存在相互作用——通常是海森堡交换作用。如果没有这种相互作用，即使每个原子都有净磁矩，但它们的朝向是杂乱无章、毫无规律的，物质中所有的磁性原子的磁矩会相互抵消，无法展现出宏观磁性。相互作用的存在使得磁性原子能够相互影响，感受到彼此的存在。此时，材料中的每一个磁性原子都可以想象成一个非常微小的指南针，彼此头尾相连，磁极都朝向同一个方向。

图 4.11　用铁磁性材料制成的永磁体（可用于各
种电机、发电机、扬声器和耳机等设备中）

图 4.12　稀土永磁电机

尽管每个原子所携带的磁性非常微弱，但通常物质中所包含的原子数量为 10^{23} 量级，如此数量的原子磁性叠加起来，使得物质总体可以表现出非常显著的宏观磁性。值得一提的是，海森堡交换作用是一种量子效应，来源于电子的费米子属性和波函数交换积分，因此无法用经典的物理图像来解释。

铁磁性在工业应用和现代技术中至关重要，它构成了电磁铁、电动机、发电机、变压器、磁存储（包括磁带录音机和硬盘）等电气和机电设备以及铁质材料无损检测的基础。

反铁磁性 (antiferromagnetism)

与铁磁性一样，反铁磁性物质要求原子具有磁矩，并且磁性原子之间存在相互作用。只不过，在反铁磁性物质中，原子之间的相互作用方向与铁磁性物质相反，使得磁性原子倾向于反平行排列而相互抵消。因此，反铁磁材料在常态下并不具有净磁矩，需要施加非常大的磁场（通常高达数十个特斯拉）才能将反铁磁材料中反平行的磁矩翻转至与外场平行。

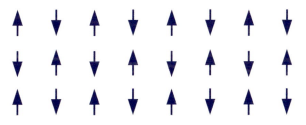

图 4.13　反铁磁

　　反铁磁固体在施加的磁场中会表现出取决于温度的特殊行为。在极低温度下，固体对外部磁场没有反应，因为原子磁体的反向平行排序是严格维持的。在较高温度下，一些原子会脱离有序排列并与外部磁场对齐。这种有序排列在高于某个温度时会完全消失，这个温度被称为尼尔温度（T_N），是每种反铁磁材料的特性。尼尔温度得名于法国物理学家路易斯·尼尔，他于1936年首次解释了反铁磁性。

　　由于反铁磁材料在常态下并不具有净磁矩，无法像铁磁材料那样通过外加磁场进行简单的调控，因此曾一度被视为"最无用的发现"。然而，随着近年来科学研究的不断深入和探测手段的不断发展，反铁磁材料的优势和潜在应用价值被逐渐挖掘出来。得益于其零净磁矩的特性，反铁磁材料不会产生杂散磁场，并且对外磁场的抗干扰能力更强，具有更显著的磁电效应和更高的进动频率。反铁磁材料已在自旋电子学器件中得到应用。

亚铁磁性 (ferrimagnetism)：磁畴工程的核心

　　亚铁磁性是另一种非常常见的磁性，它结合了铁磁性和反铁磁性的特点。亚铁磁性材料既具有与铁磁性材料一样非零的净磁矩，又拥有和反铁磁性材料类似的复杂磁结构。实际上，中国古代四大发明之一的司南，其原材料磁石的主要成分四氧化三铁 (Fe_3O_4) 就是一种亚铁磁材料。

图 4.14　磁铁矿样本（自然界中的四氧化三铁）

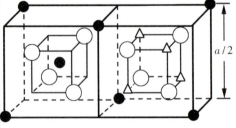

图 4.15　四氧化三铁的晶体结构（它是反尖晶石结构，在这种结构中，Fe^{2+} 和 Fe^{3+} 离子分别占据八面体和四面体间隙。在这种结构中，Fe^{2+} 离子占据一半的八面体间隙，而 Fe^{3+} 离子占据另一半八面体间隙和所有的四面体间隙。这种排列方式导致了四氧化三铁的亚铁磁性）

亚铁磁性材料有很多种。例如，磁铁矿 (Fe_3O_4) 的一个晶胞含有 8 个 Fe^{2+} 离子、16 个 Fe^{3+} 离子和 32 个 O^{2-} 离子。16 个 Fe^{3+} 离子均匀分布在四面体和八面体位置，而 8 个 Fe^{2+} 离子则分布在八面体位置。因此，分布在两种位置的 Fe^{3+} 离子的磁矩被抵消，而只有 8 个 Fe^{2+} 离子对铁氧体 Fe_3O_4 的磁矩有贡献。图 4.16 显示了 Fe_3O_4 中磁矩排列的示意图。同样，钡铁氧体 ($BaFe_{12}O_{19}$) 的一个晶胞含有 64 个离子，其中 Ba^{2+} 离子和 O^{2-} 离子对磁矩没有贡献，而 16 个 Fe^{3+} 离子的磁矩平行排列，8 个 Fe^{3+} 离子的磁矩反向平行排列，因此净磁化方向与施加的磁场平行。在这种情况下，磁矩的大小相对较低，因为只有八分之一的离子对材料的磁化有贡献。

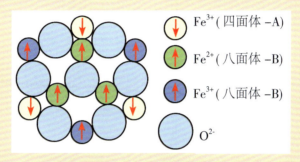

图 4.16　亚铁磁性材料（Fe_3O_4）的磁化示意图 /Ling Bingkong,2018

亚铁磁材料中通常含有两种不等价的磁性原子（称为两个子晶格），同一子晶格内的原子磁矩彼此同向平行排列，但两个子晶格的磁矩方向相反且大小不相等。这就导致亚铁磁材料既能够表现出非零的净磁矩（从而实现外加磁场的调控），又具有复杂的磁性结构，展现出铁磁性材料所不具有的磁性性质，包括更复杂的温度依赖性和更多的铁磁共振模式等。

3. 磁性材料的谱系——"人丁兴旺"的磁性材料大家族

上述分类方式是基于材料是否长程、磁有序来进行的。抗磁性和顺磁性材料的内部磁矩在空间上是无序且随机分布的，反铁磁性材料无净磁矩，因此这三者的磁性非常弱，通常被认为是"非磁性的"。而铁磁性和亚铁磁性材料在无磁场作用下内部磁矩就能自发形成长程的磁有序结构，从而表现出宏观的磁性，即我们通常所说的磁性材料。

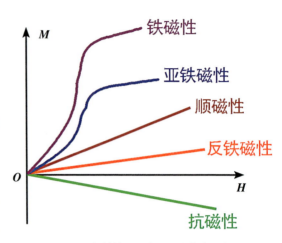

图 4.17　几种磁性物质的部分磁化曲线示意图

前文已经介绍过磁化的概念，即物质内部的磁矩在外加磁场的作用下发生定向排列，导致物质整体展现出磁性的过程。记录下材料的磁化强度随着施加外磁场变化的曲线被称为磁化曲线。不同磁性材料的磁化曲线是不同的（见图 4.17），并且即使是相同磁性的不同材料，甚至是不同形状的同种材料，所展现出的磁化曲线也是有所区别的。

图 4.18 所展示的是典型的铁磁体的磁化曲线。由于铁磁体的磁化强度依赖于施加磁场的过程，即磁化历史，并展现出滞后的特性，因此具有这样特点的磁化曲线又被称为磁滞回线。磁滞回线的面积代表了磁化过程中外磁场对磁体所做的功，即能够代表磁体储蓄能量的能力，也是交变电磁场中磁滞损耗的来源。

图 4.18 示意图中的 O（磁中性态）所展现的是零磁场下未经磁化铁磁体内部的磁矩分布示意图。尽管前文介绍过，铁磁体中的磁矩都是同向排列的，但实际情况中，由于退磁场的存在，整个磁性材料中的磁矩很难全部整齐地朝着同一个方向排列，而是分散成一个一个的小团块，称为"磁畴"（magnetic domain），磁畴之间的交界区域称为"畴壁"（domain wall）。一个典型磁畴的尺寸在数十个微米量级，这样，每个磁畴的内部大约包含着 10^{14} 个磁性原子。每个磁畴的磁化方向都是沿着某些特定的方向随机分布的，磁性测量中只能测定许多磁畴的磁化强度平均值。因此，示意图中 O 的磁化箭头是均匀分布的，磁性材料整体的磁化强度为零。

剩磁、矫顽场与磁能积是铁磁体在工业应用中非常重要的指标。矫顽力大、磁滞回线宽的为永磁材料，又称硬磁材料；矫顽力小、磁滞回线细而长的为软磁材料；如矫顽力适中，磁滞回线呈矩形，则为磁记录材料。以下将对永磁、软磁、磁记录三大类磁性材料进行介绍。

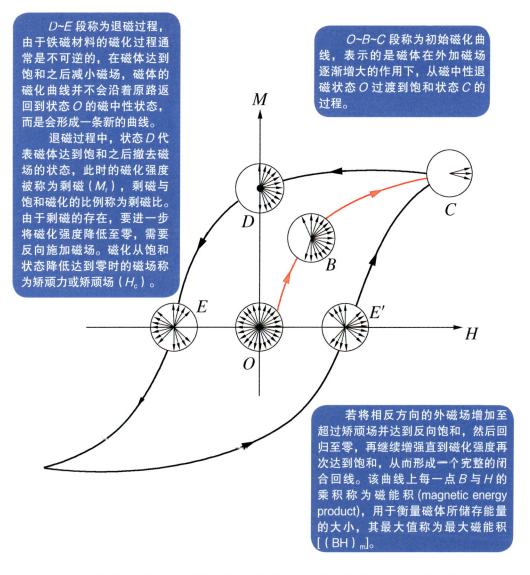

D~E 段称为退磁过程，由于铁磁材料的磁化过程通常是不可逆的，在磁体达到饱和之后减小磁场，磁体的磁化曲线并不会沿着原路返回到状态 *O* 的磁中性状态，而是会形成一条新的曲线。

退磁过程中，状态 *D* 代表磁体达到饱和之后撤去磁场的状态，此时的磁化强度被称为剩磁（M_r），剩磁与饱和磁化的比例称为剩磁比。由于剩磁的存在，要进一步将磁化强度降低至零，需要反向施加磁场。磁化从饱和状态降低达到零时的磁场称为矫顽力或矫顽场（H_c）。

O~B~C 段称为初始磁化曲线，表示的是磁体在外加磁场逐渐增大的作用下，从磁中性退磁状态 *O* 过渡到饱和状态 *C* 的过程。

若将相反方向的外磁场增加至超过矫顽场并达到反向饱和，然后回归至零，再继续增强直到磁化强度再次达到饱和，从而形成一个完整的闭合回线。该曲线上每一点 *B* 与 *H* 的乘积称为磁能积（magnetic energy product），用于衡量磁体所储存能量的大小，其最大值称为最大磁能积 [(BH)$_m$]。

图 4.18 典型铁磁体的磁化曲线示意图（图中横坐标代表施加的外磁场强度，纵坐标代表材料的磁化强度，各个圆形内画出了该状态下材料内部的磁矩方向）

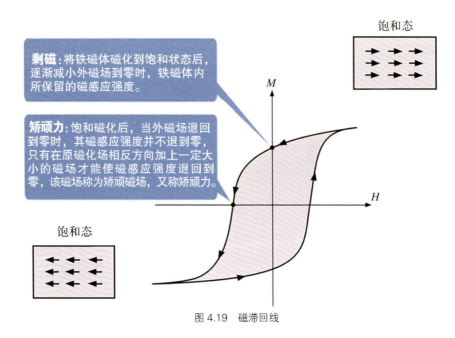

图 4.19　磁滞回线

　　对于永磁材料，通常要求高矫顽力、高剩磁、高磁能积。相反，对软磁材料通常要求低矫顽力、低剩磁、高初始磁导率，也就是磁滞回线的面积窄小。对磁记录介质性能的要求是高剩磁、适当高的矫顽力、回线形状接近矩形（有利于表征 0 与 1，从而进行二进制数据存储与运算）。

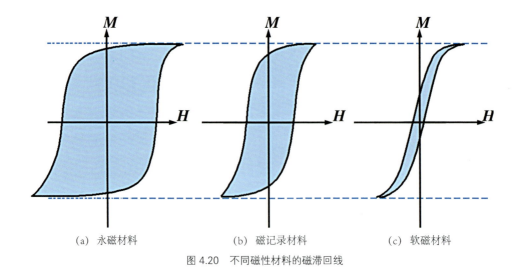

（a）永磁材料　　　　（b）磁记录材料　　　　（c）软磁材料

图 4.20　不同磁性材料的磁滞回线

永磁材料

对于永磁材料，通常要求高矫顽力，即抗外磁场干扰能力强，其磁性不会轻易损失；也要求高剩磁，即在零磁场状态下也具有很强的磁性；还要求高磁能积，这是矫顽力和剩磁的综合考量指标。矫顽力是反映微结构灵敏性的物理量，它的大小不仅取决于材料的组成、结构，还与颗粒、晶粒尺寸等微结构因素密切相关。矫顽力通常随着颗粒尺寸的减少而增加，直至达到一个极大值，此时的颗粒尺寸被称为单畴尺寸，即整个颗粒内仅包含一个磁畴。若进一步减小尺寸，矫顽力将会继续下降，甚至降至为零，这对应于前文所述的超顺磁性临界尺寸。此外，要实现高矫顽力，材料还需具备低对称性的晶体结构，以便获得高的磁晶各向异性，这类材料通常为六角或四方晶系。永磁材料大致可分为金属永磁材料和铁氧体永磁材料两大类。

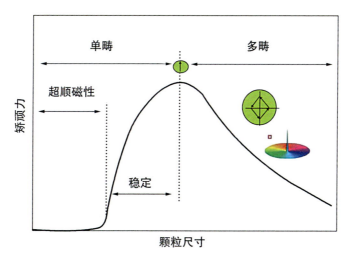

图 4.21　磁性材料的矫顽力与磁性颗粒尺寸的关系曲线

（1）金属永磁材料

随着冶金业的发展，人们发现铁中掺入碳后可以显著增加其硬度，这种材料被称为碳钢，因此可以被制备成锉刀，用于锉平铁制品的表面。在使用过程中，人们发现锉刀可以吸引铁屑，显示出永磁特性，这促使人们开始研究将 3d 过渡

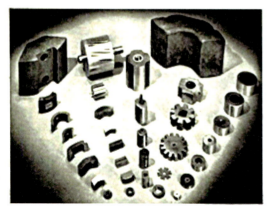

图 4.22　1956 年的 AlNiCo 磁铁系列（AlNiCo-5 在第二次世界大战期间开发，引领了新一代紧凑型永磁电动机和扬声器的诞生）

图 4.23　用于早期微波炉中的 AlNiCo-5 磁控管

族元素添加到铁中生成合金材料，并探索这些添加物对磁性的影响。基于此，研发出了铬钢、钴钢等多种合金材料。1932 年，日本人三岛德七（T. Mishima）发明了铁镍铝合金材料，随后又研发出了永磁性能优异的铝镍钴磁钢。

　　20 世纪 60 年代，美国通用电气公司的科学家阿尔伯特·盖尔（Albert Gale）也成功研发了铝镍钴（AlNiCo）永磁材料。通过调整含钴量，可以推出一系列铝镍钴永磁合金材料，其中备受关注的有 AlNiCo-5 和 AlNiCo-8，此类永磁材料的最高磁能积可达 90 kJ/m^3，且温度稳定性甚佳，广泛应用于各类电机和产生微波的磁控管等器件中。直到稀土永磁材料的出现，铝镍钴永磁材料才逐渐退出历史舞台，但至今在温度稳定性要求高的仪表中，它依然占有一席之地。

　　自 20 世纪 50 年代起，科学家开始对稀土元素和 3d 过渡族元素的合金材料进行了相图、结构与磁性的基础研究。稀土元素指的是元素周期表中的钪（Sc）、钇（Y）和 15 个镧系元素（价电子排布式为 $4f^{0-14}5d^{0-1}6s^2$）——镧 (La)、铈 (Ce)、镨 (Pr)、钕 (Nd)、钷 (Pm)、钐 (Sm)、铕 (Eu)、钆 (Gd)、铽 (Tb)、镝 (Dy)、钬 (Ho)、铒 (Er)、铥 (Tm)、镱 (Yb)、镥 (Lu)。其中，钆 (Gd) 之前的元素被称为轻稀土元素。由于稀土矿中多种稀土元素通常是共生的，轻稀土元素丰度高、价格便宜。而钆 (Gd) 及钆之后的元素则被称为重稀土元素，它们丰度低、价格昂贵。

　　钕铁硼稀土永磁材料已成为当今磁能积最高、性能最优异的永磁材料，被誉

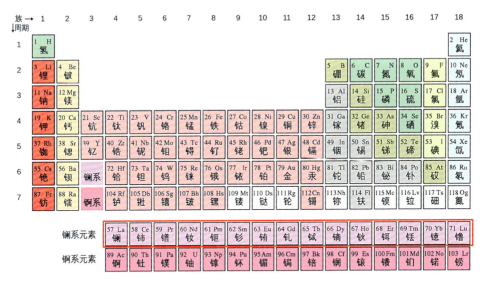

图 4.24　元素周期表 /Siriudie

为"磁王"。其应用范围广泛，涉及国民经济各领域、国防军工、航天航空等。各类电机、电器、医疗器械、机器人、人工智能器件中都有它的身影。例如，在磁盘中读取数据就需要使用由小且薄壁的高性能钕铁硼磁环制成的小电动机。我国已成为钕铁硼磁体的主要生产国，生产基地主要集中在浙江宁波、东阳，江西赣州，内蒙古包头，山西太原，北京，天津等地。

第一代

1967年，美国学者斯特拉特（Strnat）首先制备出SmCo₅永磁体，标志着第一代稀土永磁材料的诞生。

第二代

1977年，日本科学家小岛健（Ojima）研发出第二代稀土永磁合金Sm₂Co₁₇，其中Co也可部分被Fe、Cu、Zr取代。

第三代

1983年，日本住友公司首先宣布新型Nd₂Fe₁₄B永磁材料研发成功，其磁能积高于钐钴永磁合金，从而成为第三代稀土永磁合金材料。

第四代

目前正在研究中的（Re–Fe–N）&（Re–Fe–C）。

图 4.25　稀土永磁进展 [钕（Nd）因其地壳丰度高于钐（Sm）（钕的贮存量比钐高出 5 ～ 10 倍）、价格相对便宜，且无需依赖成本高昂的贵金属钴，受到了世界各国的高度重视。钕基磁体迅速进入了产业化阶段，其制备工艺也不断得到改进。目前，已形成了包括熔炼、甩带、氢爆、制粉、成型、烧结在内的完整工艺流程，并在此过程中催生了大量的专利]

尽管钕铁硼永磁体性能优异，但仍然存在一定缺陷，如居里温度较低（仅为 312℃）。而 Sm_2Co_{17} 的居里温度高达 920℃，因此在工作温度较高的情况下，Sm_2Co_{17} 的性能要优于 $Nd_2Fe_{14}B$，故常采用 Sm_2Co_{17} 系列永磁材料。

据报道，2023 年美国通用电气公司已生产出高饱和磁化强度 (2.9 T) 的新型 $Fe_{16}N_2$ 永磁材料，其磁能积理论上将是钕铁硼的 2~3 倍。目前该材料已投入量产，产品的磁能积为 20 MGOe。马斯克曾在 2023 年宣布，未来的特斯拉电动车将选用无稀土的 $Fe_{16}N_2$ 永磁体的电动机。

（2）铁氧体永磁材料

1938 年，北欧的晶体学家从自然界存在的磁铅石矿 $[Pb(Fe_{7.5}Mn_{3.5}Al_{0.5}Ti_{0.5})O_{19}]$ 中获得启发，研发出具有相同结构的人工氧化物 $PbFe_{12}O_{19}$。他们利用离子半径与铅（Pb）相近的钡（Ba）、锶（Sr）进行取代，成功生产出 $BaFe_{12}O_{19}$ 与 $SrFe_{12}O_{19}$ 这两种六角晶系化合物，为六角晶系铁氧体的发展奠定了结晶学基础。1952 年，荷兰飞利普实验室成功研制出以 $BaFe_{12}O_{19}$ 为主要成分的永磁材料，即钡铁氧体。1963 年，高性能的锶铁氧体投产，并在 20 世纪 70 年代的永磁铁氧体产量中占据首位。

$BaFe_{12}O_{19}$ 也可以写成 $BaO \cdot 6Fe_2O_3$ 的形式，同样，$SrFe_{12}O_{19}$ 也可以这样改写。由于锶铁氧体产品的性能优于钡铁氧体和铅铁氧体，且对环境更加友好，因此锶铁氧体在家电等民用领域独占鳌头。锶铁氧体中通常还含有钙 (Ca)，因此也被称为锶钙铁氧体，其通用分子式为 $(SrO)_{1-x}(CaO)_x \cdot k(Fe_2O_3)$，其中 x 通常取值 0.05，k 值约为 5.6。采用粉末冶金的陶瓷工艺，将相应的氧化物按比例混合，经过球磨、预烧等步骤，生成锶铁氧体，然后再次粉碎，球磨成单畴磁性颗粒，最后压制成型。根据压制成型方法的不同，可以添加润滑剂，并在外磁场中成型，通过干法制备出价格低、产量高的各向同性高性能产品；而目前主要采用湿法成型工艺，以提高磁性颗粒的取向度，进一步获得性能更高的永磁铁氧体。

软磁材料

软磁材料是指矫顽力低、磁导率高的一类磁化材料，容易被磁化，撤除外磁场后不保留磁性，即剩磁小。此外，通常需要在交流电的应用频率下损耗尽量低，如果损耗过高，就会将电磁波能量以热能形式消耗，导致器件温度升高，损伤器件。

图 4.26 软磁材料制成的线圈

软磁材料可在电子通信领域作为电感材料使用，在一个线圈中置入一块软磁材料，它的电感量就可增加数倍，从而降低了线圈的尺寸需求（见图 4.26）。此外，软磁材料在电工领域也是不可或缺的材料，例如变压器可以将输电线的几千伏高电压转变为 220 伏的低电压，其中电抗器等部件都需要大量的软磁材料，常用的是硅钢片。电机也是软磁材料的主要应用领域之一，在低工频下，如 50 周 / 秒，主要应用的软磁材料是硅钢片，在高频段下则主要为铁氧体软磁材料。图 4.27 中展现了软磁材料的发展历程：硅钢→坡莫合金→软磁铁氧体→铁钴非晶材料→铁钴纳米多晶材料→软磁复合材料。这六类软磁材料至今都在不同领域继续发挥着作用。

（1）硅钢

19 世纪 80 年代，欧洲、美国首先迈入电气化时代，电动机、发电机应运而生。1866 年，西门子 (Werner von Siemens) 首先发明直流发电机；1879 年，爱迪生发明白炽灯。早期的电动机、发电机都含有定子与转子两个线圈，依靠这两个线圈之间的相互作用而旋转的是电动机，而产生电流的则是发电机。在电动机中，当通电时，定子的磁场与转子的磁场相互作用，产生力矩驱动转子旋转；在发电机中，转子的线圈切割定子的磁力线从而产生电流。

为了在同样电流条件下产生更强的磁场，科学家在线圈中置入矫顽力小的软磁材料，或将线圈绕在软磁材料上，以此缩小体积、增强性能。起初曾使用铁，

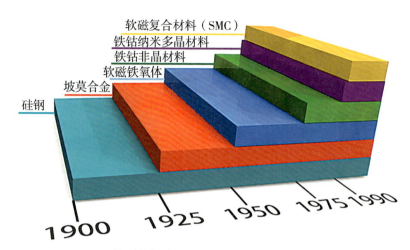

图 4.27   软磁材料研究发展历程示意图 /Science，2018

但金属铁在交变电磁场中涡流损耗大，导致磁体发热。为了降低铁的涡流损耗，科学家进行了一系列元素添加的研究，发现添加硅十分有效，能显著提高电阻率，降低损耗。因其制造时被轧制成薄片形状，故被称为硅钢片。硅钢片是工业上最早使用的软磁材料，它兼具高饱和磁化强度，至今仍被应用。

（2）坡莫合金

坡莫合金 (permalloy) 是指含镍量为 30%~90% 的铁镍软磁合金。1913 年，美国人埃尔门 (G. W. Elmen) 发现，含镍量为 30%~90% 的镍铁合金在弱、中磁场下展现出良好的软磁特性，其中含镍 78% 的镍铁合金起始磁导率最高，因此被命名为坡莫合金，意为导磁合金。根据含镍量，坡莫合金可分为以下几类：

含 Ni 量为 30% 的镍铁合金，称为因瓦（Invar）合金，其热膨胀系数小；

含 Ni 量为 45%~50% 的镍铁合金，具有高饱和磁化强度和低矫顽力；

含 Ni 量为 54%~68% 的镍铁合金，经过磁场下的高温处理，可获得磁导率随磁场变化甚小的恒导磁材料；

含 Ni 量为 72%~83% 的镍铁合金，通过添加少量的 Mo、Cu、 Cr 元素，可获得高磁导率、低矫顽力的优质软磁金属材料。

图 4.28　电工用硅钢常被轧制成标准尺寸的大张板材或带材（俗称硅钢片，广泛用于电动机、发电机、变压器、电磁机构、继电器的电子器件及测量仪表中）

　　由于其高磁导率、低矫顽力、接近于零的磁致伸缩和显著的各向异性磁阻，坡莫合金常用于需要高效磁场产生和感应的领域中，有助于提升磁传感器、变压器和电感器的性能。此外，坡莫合金还用于生产磁屏蔽材料，有助于保护电子设备免受外部磁干扰。

图 4.29　坡莫合金条

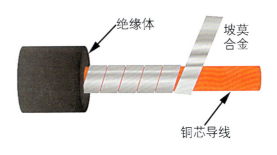

绝缘体

坡莫合金

铜芯导线

图 4.30　用坡莫合金条包裹的海底电报电缆示意图

（3）软磁铁氧体

　　基于软磁材料高磁导率、低矫顽力的特性，要求材料具备低的磁晶各向异性，进而要求材料的晶体结构具有高对称性，如磁石（Fe_3O_4）就是天然的铁氧体，具有高对称性的面心立方结构（即反式尖晶石结构）。英文中称之为 Ferrite，我国早期称之为铁淦氧、磁性瓷或黑瓷，后来磁学先驱李荫远先生将其译为"铁氧体"，这一译名已成为学术界的共识。1930 年至 1940 年间，欧洲（包括德国、法国、荷兰）以及日本开展了相关的基础研究工作，其中荷兰飞利浦实验室的斯诺克（Snoek）教授进行了系统的研究，推动了铁氧体的实用化进程。

一个 Fe_3O_4 粒子中含有一个 Fe^{2+} 离子、两个 Fe^{3+} 离子和四个 O^{2-} 离子，满足电中性条件。3d 过渡族元素共有十种元素（其中就有 Fe），这些元素的 +2 价离子半径相近，因此可以对 Fe_3O_4 进行部分或全部 Fe^{2+} 离子替代，例如用 Mn^{2+} 离子取代 Fe^{2+} 离子，形成锰铁氧体 $MnFe_2O_4$；以此类推，可获得 $ZnFe_2O_4$、$NiFe_2O_4$ 等铁氧体；若用 Mn^{2+}、Zn^{2+} 离子同时取代 Fe^{2+} 离子，则可制得锰锌铁氧体 $(Mn，Zn)Fe_2O_4$，锰锌铁氧体是一类应

图 4.31　李荫远

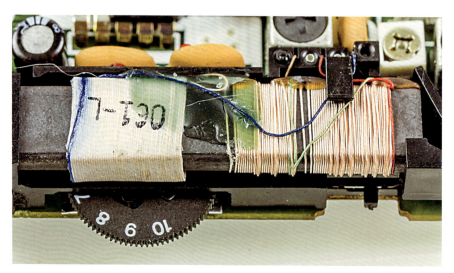

图 4.32　便携式收音机中的铁氧体 AM 环棒天线（由缠绕在铁氧体磁芯上的导线组成）/ 维基百科

图 4.33　用于制造小型变压器和电感器的各种铁氧体磁芯

用广泛的铁氧体。由于金属离子被氧离子隔离，铁氧体的电阻率远高于金属磁性材料，在交变电流场中的涡流损耗很低，因此，铁氧体可应用于高频、微波、光频率等领域。尤其在第二次世界大战期间，无线电、雷达等设备的诞生，急需应用于高频段的磁性材料，铁氧体的研究与应用因此迅速且广泛地开展起来。铁氧体属于亚铁磁性材料，处于 A 位（四面体位置）的离子与处于 B 位（八面体位置）的离子的磁矩方向相反，相互抵消后剩余的磁矩决定其磁化强度。因此，铁氧体的饱和磁化强度低于金属磁性材料，例如 Fe 的饱和磁化强度约为 2.15 T，而 Fe_3O_4 仅为 0.6 T，所以在电工频段，铁氧体无法与硅钢片竞争。但在低于 1 MHz 的低频段，锰锌铁氧体是最常用的软磁铁氧体，它比其他铁氧体具有更多优点，且物美价廉。根据应用领域，铁氧体大致可分为两类：一类是主要作为电感元件磁芯的高磁导率锰锌铁氧体，要求高磁导率和低损耗；另一类是作为变压器磁芯、开关电源磁芯的功率铁氧体，要求高磁化强度和低损耗。

（4）非晶磁性材料

通常，大多数固体材料的原子都是有序排列的，不同的原子构成不同结构、不同性质的材料，构成了丰富多彩的材料世界。以上介绍的都是晶态磁性材料，但大自然中也存在原子长程无序排列的材料，如琥珀、松香、玻璃、石蜡、橡胶等，它们被称为非晶态材料。

我国从月球上带回的样品中就含有丰富的玻璃物质，这对研究月球的起源与演化具有重要意义。在地球的火山口也发现了黑曜石玻璃。众所周知，液体中的分子是混乱排列的。如果将金属在高温下熔化，形成金属液体，那么在热运动的作用下，原子也是混乱排列的。若将其快速冷却，如冷却速度达到 10^6 ℃ /s 或更高，使原子来不及整齐排列，就能形成非晶态。此时，原子的排列不存在长程有序，但短程有序可能仍然存在。20 世纪 60 年代，杜韦兹（Duwez）、庞德（Pond）等人采用融熔金属淬冷的方法获得了金属非晶体。1960 年，理论上预言了非晶态中可存在铁磁性；1970 年后，一系列铁磁性的非晶态合金被成功制备出来，如 $Fe_{80}B_{20}$、$Fe_{80}Si_{20}$、$Fe_{79}Si_9B_1$ 等。研究发现，组成中含有 B、Si、C、P 等类金属

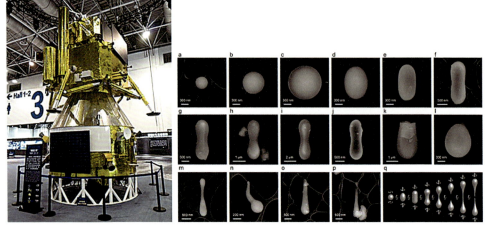

图 4.34　"嫦娥五号"完整组合体全尺寸模型 / 中国科学院物理研究所

图 4.35　"嫦娥五号"月壤中球状、椭球状、哑铃状等旋转特征的玻璃珠 / 中国科学院物理研究所

元素有利于形成致密的非晶态材料。

　　非晶磁性材料由于不具有长程有序,因此具有磁晶各向异性能低、矫顽力小、力学强度高、韧性高、耐腐蚀性强等优点。其电阻率比同类晶态合金高,高磁感应强度的铁基非晶合金的铁损仅为取向硅钢片的 1/4~1/3。因此,采用非晶材料的配电变压器可以显著节能,空载损耗比常规硅钢变压器降低 75%。不过,由于

表 4.2　非晶纳米晶带材的主要性能及应用领域

非晶纳米晶带材	主要性能						应用领域
	B_s / T	λ_s (10^{-6})	T_c / K	H_c / (A/m)	μ_m (10^4)	B_r/B_s	
铁基（FeMSiB）	1.6	20 ~ 30	>673	<8	1 ~ 20	0.05 ~ 0.90	配电变压器 中频变压器
铁镍基（FeNiMPB）	0.7 ~ 1.4	10 ~ 20	523 ~ 703	<4.5	1 ~ 80	0.1 ~ 0.85	漏电保护开关 电流互感器
钴基（CoFeMSiB）	0.55 ~ 0.8	~0	>583	<1.2	1 ~ 100	0.05 ~ 0.95	磁放大器 高频变压器 扼流圈 脉冲变压器 饱和电抗器
纳米晶（FeCuNbSiB）	1.25	1 ~ 2	>773	<2	1 ~ 50	0.1 ~ 0.90	磁放大器 高频变压器 扼流圈 脉冲变压器 饱和电抗器

非晶态为亚稳态，在较高温度下会转变为晶态，因此需注意其使用温度通常应低于 300℃。非晶磁性材料在电机中的应用，目前已进入产业化的阶段。

（5）软磁复合材料（SMC）

软磁材料常见类型主要分为金属软磁材料与铁氧体软磁材料两大类。金属软磁材料具有铁磁性特性，其饱和磁化强度较高，但由于其电阻率较低，无法用于频率较高的领域。而铁氧体材料凭借高电阻率优势可用于各频率段的领域，但由于其亚铁磁性特性，饱和磁化强度偏低（约为金属软磁材料的 1/4 ～ 1/3），这种特性差异导致在制造同等性能的器件时，铁氧体材料的用量往往是金属软磁材料的数倍。因此，在低频段，金属软磁材料仍占据主导地位。从 20 世纪 50 年代起至 21 世纪初，这两大类材料各自独立发展，互不影响。近年来，随着第三代宽禁带 (3.4 eV) 半导体 SiC、GaN 的出现，这些半导体可用来生产频带为 1 ～ 100 GHz、功率超过千瓦的电源，从而推动了电子工业的革命性进展。电子器件迅速向高频、大功率、小尺寸的方向发展，这也相应地推动了磁性材料新的发展与应用，如用于光伏逆变器、AC/DC 等电能变换电路中。由于传统的铁氧体材料饱和磁化强度太低，无法满足高频大功率器件的需求，科技工作者开始转向研发既有高饱和磁化强度又有高电阻率的磁性材料。于是，采用金属磁性颗粒并用高电阻率的绝缘体进行包覆、压制成型的方法应运而生，这种材料被称为软磁复合材料 (soft magnetic composite，SMC)。事实上，在 1921 年，SMC 就已作为磁粉芯被用于电话线路中，这一应用早于铁氧体产业化进程。随后，1936 年，德国西门子公司用羰基铁粉制成了铁粉芯；1938 年，日本制成了铁硅铝磁粉芯；1984 年，美国联合公司（Allied Corporation）制成了非晶磁粉芯等。这表明 SMC 的应用已有一百多年的历史了。然而，自 20 世纪 50 年代起，由于铁氧体的大规模产业化并迅速占领电子领域，铁氧体成为廉价且主流的高频磁性材料，因此刚刚崭露头角的 SMC 很快被人们遗忘并淘汰出局。直到如今，SMC 才重新被研究开发并更上一层楼。

    SMC 磁粉芯的应用范围非常广泛。例如，在手机中需要使用十余颗 SMC 磁粉芯制成的一体压模电感；光伏是可再生且无污染的清洁能源，但光伏产生的是直流电，无法直接并网使用，为了将直流电转变为交流电，就需要逆变器，而逆变器中就采用了 SMC 磁芯。据 2023 年 11 月国家电网报道，国家电网智能电网研究院电工新材料所与瑞德磁电等单位联合研发的首台基于新型铁基软磁复合材料的 50 Hz、10 kV/300 kVar 铁芯电抗器在国网顺利通过型式试验。这意味着我国已成功地将 SMC 磁芯试应用于国家电网中，这可降低损耗、噪声与温升，提高效率，并避免传统硅钢片电抗器的缺点，从而有可能解决困扰世界电网的难题。

(a) 供电系统   (b) 储能

(c) 光伏   (d) 新能源汽车

图 4.36 SMC 磁粉芯在供电系统、储能、光伏、新能源汽车等多领域都有巨大应用前景

    原则上，所有的磁性材料，特别是软磁材料，如前文介绍过的金属软磁、非晶态软磁等，均可先制成微米级尺寸的颗粒，然后包覆绝缘层，再压制成型并进行热处理以增强机械强度，最终成为磁粉芯。因此，首先需要解决的是磁性颗粒的制备问题。对磁性颗粒的要求包括：尽可能呈球形、表面光滑无尖角以避免破坏绝缘层、良好的流动性等。目前主要采用气雾化法、水雾化法、机

械球磨法等制粉方法。颗粒的大小对磁导率和损耗都有影响，因此需要根据应用进行调整。通常需要将磁粉经过磷酸、铬酸处理，使磁粉表面形成钝化层，然后进行绝缘包覆。绝缘层通常采用无机物（如 MgO、SiO_2 等氧化物）或有机物（如环氧树脂、硅酮树脂等热固性树脂）进行模压成型。最后，在氮气中进行退火处理。

如此制得的软磁复合材料（磁粉芯）的磁性能介于金属与铁氧体之间，兼具两者的特点，如优异的直流偏置特性、恒定的磁导率、较高的饱和磁化强度以及优异的磁导率频率和温度特性线性度等。然而，由于颗粒界面退磁场的影响，SMC 的有效磁导率相对较低。此外，软磁复合材料的磁性能可调范围十分宽广，可根据具体的应用需求，通过调整复合材料的组成、调控晶粒和颗粒尺寸以及控制热处理温度与时间等方式来满足不同频段的应用需求。

磁记录材料

在现代信息社会中，尤其是随着互联网、物联网的普及和大数据时代的全面到来，磁记录技术已成为支撑海量数据存储不可或缺的核心技术。

磁存储技术的起源可追溯至 19 世纪末。1878 年，奥伯林·史密斯（Oberlin Smith）提出了磁性录音的概念，并在 1888 年的《电气世界》杂志上进行了公开介绍。1898 年，瓦尔德马尔·波尔森（Valdemar Poulsen）发明了第一台磁性录音机，该设备使用绕在鼓上的线材来记录信号。1928 年，弗里茨·普夫勒默（Fritz Pfleumer）开发了第一台磁带录音机。早期的磁存储设备主要用于录制模拟音频信号，而现代计算机和大多数音视频磁存储设备则记录数字数据。

磁存储介质经历了从磁带、磁光盘到磁硬盘的演变。目前，磁硬盘的便携式版本容量已达到 6 TB，而采用反铁磁录磁介质的磁盘存储器理论上可将存储密度提高 100 倍，这预示着磁存储技术的巨大潜力。

磁记录的基本原理是通过磁头将输入的电信息转变为磁信息储存在磁盘或磁带中。这一过程涉及磁性材料的磁化和退磁，而磁重放（读出）则是这一过程的逆过程。

对于磁记录磁头材料，通常选用高饱和磁化强度的软磁材料，如锰锌铁氧体、

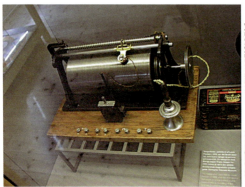 

图 4.37　波尔森（Poulsen）的磁性录音机　　图 4.38　弗里茨·普弗勒默（Fritz Pfleumer）开发的磁带录音机

 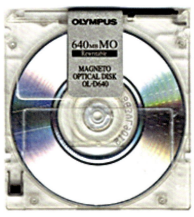

图 4.39　索尼 90 分钟卡式磁带　　图 4.40　奥林巴斯 90 mm 640 MB 磁光盘

图 4.41　3.5 英寸 1.44 MB 磁软盘　　图 4.42　2.5 英寸 SATA 磁硬盘

图 4.43 硬盘的广泛应用构成了信息社会文明的基础设施 / IEEE Milestones Wiki

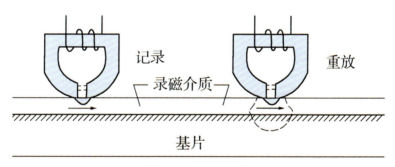

图 4.44 磁记录原理图

非晶软磁材料等。对于磁重放磁头材料，则要求具有高磁导率的软磁材料，如坡莫合金、非晶软磁材料等，此外还要求耐磨性好、使用寿命长。录磁介质通常采用含钴的 γ –Fe_2O_3、CrO_2、锶铁氧体颗粒与金属薄膜等。由于读出磁头的间隙宽度限制，磁盘的记录密度曾受到限制。直到 20 世纪 80 年代自旋电子学的兴起，利用巨磁电阻效应（giant magnetoresistance effect, GMR effect）制成的读出磁头（见图 4.45）才使磁盘的存储密度实现了历史性的飞跃。

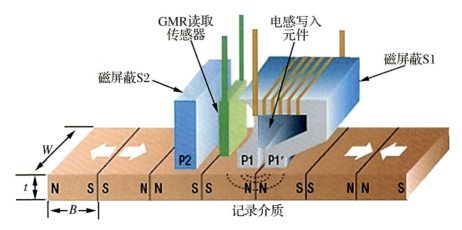

图 4.45　GMR 读出磁头示意图

历史上曾出现的磁光盘、磁软盘已被淘汰，磁带也面临同样的命运。然而，由于磁带储存容量大、价格便宜、可长期存放，2021 年日本富士公司研发了以锶铁氧体纳米颗粒为磁记录介质的高存储容量的磁带（记录密度高达 317 Gbpsi），生产出了全球储存容量最大的数据匣（data cartridges）——容量高达 580 TB，相当于可以储存 12 万张 DVD 的数据。这种磁带可用作银行、政府等机构数据储存的母带，用于储存巨量数据，并在需要时随时调出数据，从而焕发了新生。这也表明，只有符合市场需求的产品才能免于被淘汰的命运。

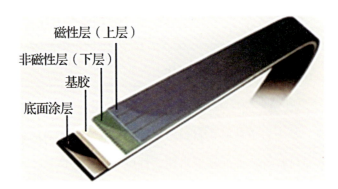

图 4.46　富士胶片成功研发的锶铁氧体磁带（实现全球最大 580 TB 存储容量）

磁电阻随机存取存储器 (MRAM) 是一种新型磁存储技术，它利用隧道磁电阻 (TMR) 效应来存储数据，具有非易失性、低功耗和抗高能辐射的特点。MRAM 适用于需要频繁更新的存储应用。研究者正在探索使用太赫兹辐射来加速写入过程并减少热量产生，这可能将磁存储技术推向一个新的高度。

MRAM 的本质是利用自旋磁电阻效应进行信息存储，所以也被称为自旋芯片。半导体芯片已进入后摩尔时代，其发展方向为存算一体化。实现这一目标的途径之一是采用基于阻变效应的芯片，以及利用自旋磁电阻效应的芯片。目前，国内外均已成功研制出存算一体化的自旋芯片。

磁存储技术面临的挑战包括提高存储密度、降低成本和加快数据访问速度。随着新技术的涌现和现有技术的不断改进，磁存储的未来仍然充满无限可能。研究者正在探索新的磁性材料和存储架构，以期实现更高的存储容量和更快的数据传输速率，如利用反铁磁性进行数据存储等。

磁存储技术是信息时代的关键技术之一，其发展创新持续推动着数据存储与管理的深刻变革。从计算机数据存储到金融交易系统，再到安全认证体系，这项技术在现代社会的众多领域都发挥着重要作用。随着科技进步，磁存储技术有望实现更多创新与突破。

第 **5** 章
磁性材料的应用
—— 现代生活的隐形英雄

磁性材料使人类大规模用电成为可能

1. 重要的战略资源——稀土

图 5.1　稀土矿物和一枚直径 19 毫米的 1 美分硬币对比图

图 5.2　精炼过的稀土氧化物（呈粗糙的褐色或黑色粉粒状，但也有如图片中的浅色者）

稀土（rare earth）元素是元素周期表中镧系（镧、铈、镨、钕、钷、钐、铕、钆、铽、镝、钬、铒、铥、镱、镥）15 个元素以及 21 号元素钪、39 号元素钇这 17 个元素的总称。自然界中已发现约 250 种稀土矿物。

由于 18 世纪发现的稀土矿物较少，当时只能利用化学方法制得少量不溶于水的氧化物，历史上习惯地把这种氧化物称为"土"，因此得名稀土[1]。

稀土元素是一组对现代工业和技术发展至关重要的元素，被誉为"现代工业

---

[1] 最早发现稀土的是芬兰化学家加多林（John Gadolin）。1794 年，他从一块形似沥青的重质矿石中分离出第一种稀土"元素"——钇土（即 Y_2O_3）。

的维生素"和"新材料宝库"。稀土资源的战略意义不仅体现在其在高科技产品制造中的关键作用，也体现在其对国防科技的重要性上。稀土元素被广泛应用于电子、航空航天、军工、新能源等领域，是许多现代技术和武器系统不可或缺的材料。因此，稀土资源的稳定供应对于国家安全和发展具有重要意义。

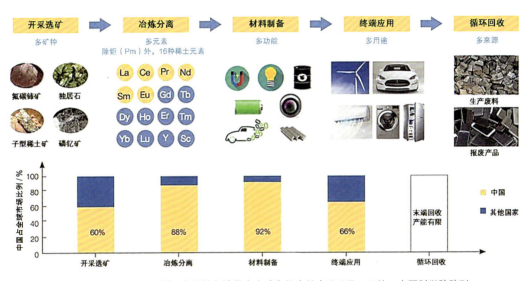

图 5.3　2022 年中国稀土产业链各阶段在全球市场中的占比 / 吴一丁等，中国科学院院刊

中国作为世界上最大的稀土生产和出口国，在全球稀土产业链中占据着举足轻重的地位。截至 2022 年末，全球稀土总储量约为 1.3 亿吨，中国稀土储量为 4 400 万吨，占全球总储量的 33.8%，这一比例凸显了中国在全球稀土资源中的重要地位。中国的稀土资源主要分布在北方的包头白云鄂博和南方的赣州，其中包头以轻稀土为主，而赣州则富含重稀土。此外，山东、四川、广西等地也有稀土矿的分布。中国不仅在稀土储量上占据优势，在稀土的生产量上也是世界第一。

稀土不稀，在不少国家都发现稀土矿，但稀土分离、提纯困难，徐光宪院士建立了串级萃取理论，实现了稀土分离与提纯的产业化，使我国成为稀土产量最大、应用最广的国家，其中最大的应用是稀土永磁，他被誉为"中国稀土之父"。

表 5.1   2017—2019 年我国对部分主要贸易伙伴国的稀土永磁材料产品出口量情况

贸易伙伴	稀土永磁材料产品出口量 / 吨			平均年增长率 / %
	2017 年	2018 年	2019 年	
德　国	3 341	4 991	6 687	41.68
美　国	3 351	4 103	4 593	17.19
韩　国	3 041	3 206	3 147	1.79
意大利	1 597	1 776	1 887	8.73
丹　麦	2 237	1 029	2 269	33.25
泰　国	1 504	1 877	1 580	4.49
荷　兰	1 052	1 437	1 098	6.50
日　本	931	1 141	1 279	17.33
印　度	649	779	699	4.88
俄罗斯	625	458	611	3.34
法　国	595	725	686	8.23
英　国	553	662	629	7.36

（数据来源：中国海关总署）

中国与美国是目前全球在提炼、分离、纯化稀土原料方面技术最先进的国家。中国的稀土产业不仅在资源开采方面处于领先地位，还在稀土材料的研发、生产和应用方面具有显著优势。中国稀土产业的快速发展，得益于政府的大力支持和产业链的不断完善。

面对全球对稀土资源日益增长的需求，中国正致力于推动稀土产业的可持续发展。这包括扩大稀土材料的应用领域，提高资源利用率，加强废料的回收和再利用，以及通过技术创新提升稀土材料的性能和附加值。中国的稀土产业正朝着更加环保、高效和创新的方向发展。

展望未来，中国稀土产业将继续在全球市场中发挥主导作用。通过加强国际合作，提升技术水平，优化产业结构，中国有望进一步提升稀土产业的整体竞争力。同时，中国也将积极推动稀土资源的合理利用和环境保护，确保稀土产业的健康、可持续发展。

作为国家战略资源，稀土资源对于中国的科技进步、经济发展和国防安全具有不可替代的作用，稀土永磁材料是稀土材料的主要应用领域之一。中国在稀土领域的领先地位，不仅为国家的现代化建设提供了有力支持，也为全球稀土资源的合理利用和环境保护做出了积极贡献。未来，中国将继续加强稀土资源的开发利用，推动稀土产业的可持续发展，为全球科技进步和绿色发展做出更大的贡献。

2. 电力输送的守护者——变压器

在现代电力系统中，变压器扮演着至关重要的角色。它们不仅在电力的传输与分配中起着至关重要的作用，还在各种电子设备中发挥着电压转换的功能。

变压器的工作原理基于法拉第电磁感应定律，这一定律由迈克尔·法拉第在1831年发现。当导体周围的磁场发生变化时，会在导体中产生电动势，这就是电磁感应现象。变压器利用这一原理，改变交流电的电压，使低电压升高为高电压，或反之，以实现电能的有效传输。

变压器主要由两组或以上的线圈和铁芯组成。线圈通常由铜质电线绕制而成，而铁芯则用于集中磁场。当交流电流通过初级线圈时，产生的变动磁场会在次级线圈中感应出电动势，从而实现电压的转换。

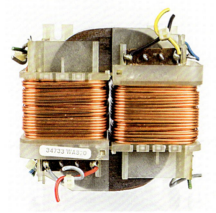

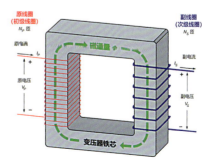

图 5.4　环形磁芯变压器（由两个缠绕在磁芯上的铜质线圈组成）

图 5.5　一个理想的降压变压器（此图画出了变压器芯中的磁通量）

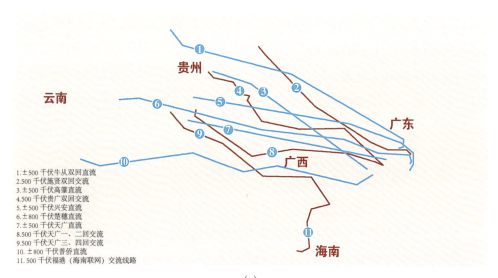

1. ±500 千伏牛从双回直流
2. 500 千伏施贤双回交流
3. ±500 千伏高肇直流
4. 500 千伏贵广双回交流
5. ±500 千伏兴安直流
6. ±800 千伏楚穗直流
7. ±500 千伏天广直流
8. 500 千伏天广一、二回交流
9. 500 千伏天广三、四回交流
10. ±800 千伏普侨直流
11. 500 千伏福港（海南联网）交流线路

(a)

(b)

图 5.6   西电东送示意图 [西电东送是中国的一项重大工程，旨在开发云南、广西、贵州、四川、山西、宁夏、陕西、内蒙古等中西部省、自治区丰富的电力资源，并将这些电力输送到电力需求迫切的华南（如广东）、华东（包括上海、江苏、浙江）以及华北（如北京、天津、河北）地区。该项目被纳入中国第十个五年计划中的西部大开发战略，并作为其中的重要工程项目。据统计，从 2001 年至 2015 年，西电东送项目的总投资额已接近 1 万亿元人民币]

虽然法拉第发现了电磁感应现象，但他并未预见到其实际应用。直到 19 世纪 80 年代，变压器才开始被实际应用。1885 年，威廉·史坦雷制造了第一台实用的变压器，开启了电力传输的新纪元。从早期的直线形铁芯到后来的环形铁芯，再到现代的 E 形铁片叠合铁芯，变压器的设计不断优化。这些改进不仅提高了变压器的效率，还减小了其体积，使其能够满足不同功率和频率的需求。

变压器能够将电能转换为高电压、低电流的形式，从而在输送过程中显著降低电能损失。这一特性使得发电厂可以建在远离用电区域的地方，并通过变压器的多级变压技术，将电能高效地输送到用户端。在长距离高压输电中，变压器发挥着至关重要的作用。在配电网中，变压器同样不可或缺，它们通过变压确保了电能的安全、稳定供应。

随着新材料和新技术的应用，变压器的性能将得到进一步提升。例如，采用高电阻率的铁磁材料粉末铁芯，可以显著提高变压器的效率和功率密度。智能电网的发展对变压器提出了新的要求：未来的变压器将更加智能化，能够更好地适应电网的动态变化，从而提高电网的稳定性和可靠性。

变压器作为电力输送的守护者，其重要性不言而喻。从基本原理到实际应用，从历史发展到未来展望，变压器始终是电力系统中不可或缺的组成部分。随着科技的进步和新材料的应用，变压器将继续在电力输送和分配中发挥重要作用，为人类的电力使用提供更加高效、安全的支持。

3. 能量转换的奇迹——发电机与电动机

发电机是将机械能转换为电能的魔法师。发电机的工作原理基于电磁感应现象。想象一下，当一个导体（如线圈）置于变化的磁场中时，它会产生电流，这就是法拉第电磁感应定律的精髓所在。在发电机中，这个变化的磁场通常是由一个外部动力源（如水流、蒸汽机或内燃机）驱动的永磁体转子产生的。转子旋转时，产生旋转磁场，这个磁场穿过定子线圈，就在定子线圈中感应出电流。这样，

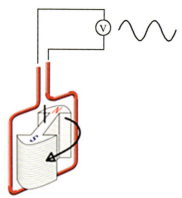

图 5.7　发电机原理图

图 5.8　拆开的直流电动机（顶部是电枢，旁边的轴上有换向器，右侧是包含换向器电刷的轴承件，左侧是定子，带有两个永磁体以提供磁场）

机械能就神奇地转换为了电能。发电机在我们的日常生活中发挥着重大作用，是现代生活的能源之源。一方面，发电机是电力供应的核心，无论是家庭用电、工业生产还是商业运营，都离不开发电机提供的电能；另一方面，发电机能够将各种形式的能源（如水能、风能、化石燃料等）转换为电能，这是现代能源利用的关键环节。

发电机的历史可以追溯到 19 世纪电磁感应现象的发现。1831 年，英国科学家迈克尔·法拉第的这一发现为发电机的发明奠定了理论基础。随后，1832 年，法国人毕克西发明了手摇式直流发电机，这是将机械能转换为电能的早期尝试。1866 年，德国西门子公司发明了自励式直流发电机，而比利时的格拉姆则在 1870 年发明了环形电枢发电机，这些早期的发电机主要依赖水力驱动。

进入 20 世纪，随着工业需求的增长，发电机的规模和效率都有了显著提升。1882 年，美国制造出了功率达到 447 kW 的巨型发电机，而特斯拉的交流发电机则在尼亚加拉瀑布的发电厂投入使用，展示了远距离电力传输的潜力。

1956 年，我国制造的第一台汽轮发电机投入运行，这是中国电机工业的起点。1958 年，上海电机厂又成功制造了世界上第一台 12 000 kW 的双水内冷汽轮发电机，这一成就标志着中国在电机制造领域迈出了重要一步。

而这就不得不提作为世界最大的水利水电枢纽的三峡大坝，它坐落于中国长

(a)　　　　　　　　　　　　　(b)

图 5.9　三峡大坝 / 湖北省人民政府网

江的上游。它不仅承载着防洪、航运及水资源管理的重大使命，更是电力生产的重要基地。坝内装备的 32 台单机容量 70 万 kW 的水轮发电机组，以总装机容量 2 250 万 kW 的规模，将长江之水转化为绿色电能，照亮华中、华东及更远地区的千家万户。这一壮举不仅展现了中国在大型水利工程建设上的非凡实力，更是对高效、环保技术追求的生动体现。同时，三峡工程亦重视社会和生态效益，通过移民安置和生态补偿等措施，尽量减轻工程对环境和居民的影响，体现了中国对可持续发展的深刻理解和积极实践。值得一提的是，中国通过发电机不仅有效转换了流水的能量，也有效利用了风能，这一切都依赖于磁学在清洁能源转换中的关键作用。

　　与发电机相反，电动机则是将电能转换为机械能的"巧匠"。当电流通过电动机内部的绕组（即导体线圈）时，线圈周围会产生磁场。该磁场与电动机内部的永磁体或电磁体磁场发生相互作用，产生电磁力，驱动转子发生旋转运动。这样，电能就被转换为机械能，用于驱动各种设备运转。电动机在现代生

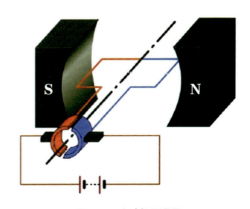

图 5.10　电动机原理图

活中扮演着极其重要的角色，是驱动现代生活的核心力量。在工业生产中，从生产线的机械臂到各种泵和风扇，电动机无处不在；在日常生活中，从洗衣机、空调到冰箱、吸尘器，电动机都是家用电器正常工作的关键部件。

近年来，电动汽车——这一采用电动机为动力核心的现代交通工具，正逐步取代传统内燃机汽车，成为出行的新选择。这些绿色使者正以其卓越的能效比和性能，引领着汽车工业的未来。中国作为全球新能源汽车市场的领头羊，国内企业如比亚迪、宁德时代在电动机技术的研发和创新上不断取得突破，为电动汽车的卓越性能提供了坚实保障。这些电动机采用了包括稀土永磁材料在内的先进磁学材料和技术，不仅提升了能效，也降低了能耗。中国在这一领域的深耕细作，不仅着眼于技术创新，更致力于打造本土化的完整产业链，还通过国际合作推动产业的可持续性发展。

这也启示我们：通过磁学原理的应用，发电机和电动机不仅支撑着现代社会的正常运转，还推动了能源的高效利用和清洁能源的发展，对提高人类生活质量和保护环境具有重要意义。因此，我们需要进一步发展科技，推广磁学在电力系统中的应用，为人类的可持续发展提供强大动力。

4.悬浮的梦——磁悬浮列车

磁悬浮列车是一种利用磁力原理实现列车与轨道无接触悬浮和导向的高速交通工具。它通过"同性相斥、异性相吸"的磁性原理，消除了传统轮轨列车与轨道接触所产生的摩擦力，因此能够达到极高的运行速度。磁悬浮列车的设计巧妙地融合了两种磁力模式：一种是超导磁悬浮（EMS），它利用车上超导体产生的磁场与轨道上线圈感应产生的磁场之间的相斥力，实现车体的悬浮；另一种是电动悬浮（EDS），它在车体底部及两侧安装电磁铁、永磁体，并通过控制电磁铁的电流，使电磁铁和导轨间保持一定的间隙，同时利用导轨钢板的吸引力与车辆的重力相平衡，实现悬浮运行。

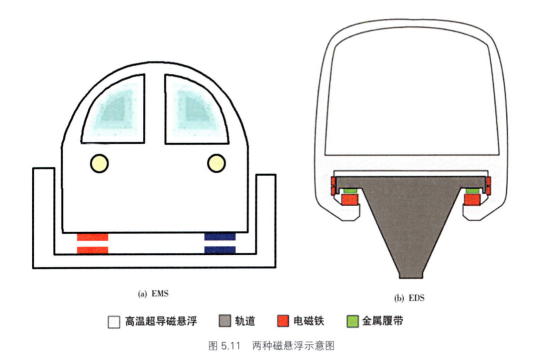

(a) EMS　　　　　　　　　　　　　(b) EDS

□ 高温超导磁悬浮　■ 轨道　■ 电磁铁　■ 金属履带

图 5.11　两种磁悬浮示意图

　　磁悬浮列车的运行不仅速度快，而且安全性高。由于悬浮系统的设计减少了机械故障的风险，同时列车的控制系统能够实时监测和调整悬浮状态，从而确保了运行的安全性。此外，磁悬浮列车的乘坐体验非常舒适，无接触悬浮和直线电机的平稳牵引大幅减少了振动和噪声。作为一种电力驱动的交通工具，磁悬浮列车不产生尾气排放，运行过程中的能耗相对较低，是一种环保的交通方式。同时，由于悬浮和导向系统减少了对机械部件的依赖，磁悬浮列车的维护成本也相对较低。

　　尽管磁悬浮列车技术具有诸多优势，但由于其建设和运营成本较高，目前尚未在全球范围内广泛普及。中国的科研工作者和基建工作者积极投身于磁悬浮列车的研发与建设之中，在国际磁悬浮列车的发展中发挥了至关重要的作用。

　　磁悬浮列车卓越的高速性能对于地域辽阔、陆地面积广大的国家来说具有特别重要的意义。例如，在中国这样一个幅员辽阔的国家，磁悬浮列车能够极大缩短长距离旅行的时间，提高运输效率，对于促进区域经济发展和加强城市间的联系具有不可估量的价值。

图 5.12　国内首条永磁磁浮轨道交通工程试验线——"红轨"竣工图（2022 年 8 月 9 日在江西赣州兴国县顺利竣工。"红轨"永磁悬浮列车"兴国号"利用了永磁材料与轨道相斥的原理，得以在槽口中线保持悬浮状态。基于这一原理，电磁导向系统实现了列车的零摩擦运行，使其仅需电机驱动即可顺畅前行）/ 人民网

　　长期以来，磁悬浮列车的核心技术主要被日本、德国等发达国家所掌握。然而，随着 21 世纪的到来，中国积极响应建设科技强国的国家战略，开始着手自主研发磁悬浮列车的核心技术。这一努力不仅体现了国家对科技创新的重视，也是为了打破技术壁垒，提升国家的科技实力和国际竞争力。

　　经过多年的研究和开发，中国在磁悬浮列车领域取得了显著的成就。2021年 7 月 20 日，我国时速 600 公里的高速磁浮交通系统在青岛成功下线，标志着中国成为世界上首个掌握设计时速达 600 公里高速磁浮交通系统技术的国家。

　　这一成就的取得，是中国科研人员长期努力和不懈追求的结果，它不仅提升了国家的科技水平，也为其他国家提供了宝贵的经验和参考，有助于推动全球磁悬浮列车技术的发展和应用。随着全球对高速、环保交通方式需求的日益增长，磁悬浮列车作为一种具有巨大潜力的交通方式，有望在未来的交通发展中发挥更大的作用。磁悬浮列车这一悬浮的梦想，有望在未来成为全球人都能触及的现实！

5.医疗科技的革命——磁疗与磁共振成像

磁疗

我们知道生物体中存在磁性物质，如含铁的血红蛋白，这使得生物体对磁场具有一定的敏感性。科学家们已经发现，生物体的许多重要生理过程，如细胞分裂、神经传导等，都可能受到磁场的影响。因此，磁场对生物体健康的影响，或称为磁疗，已经引起了广泛的科学和商业兴趣。磁疗的应用前景非常广阔：在医学领域，磁疗已被用于治疗多种疾病，如疼痛、炎症等，甚至被用于辅助治疗肿瘤；在康复领域，磁疗也被用于促进伤口愈合、减轻肌肉疲劳等；此外，磁疗还被用于改善睡眠、缓解压力等方面。可以说，磁疗已渗透到康复领域的方方面面。

然而，磁疗的研究和应用仍面临一些挑战。首先，磁场对生物体的具体影响机制尚不完全清楚，需要进一步深入研究。其次，磁疗的效果存在个体差异，需要制定个性化的治疗策略。此外，磁疗的安全性和潜在副作用也需要进一步研究和评估。这些方面将是未来磁疗研究领域的重点，亟待科学家们进行深入的探究和优化。

目前，中国在磁疗设备的研发上也取得了显著成效，例如山东淄博超端施公司率先研发出了低频旋转磁场磁疗设备，见图 5.13。

南京大学医学院侯亚义教授以医用小白鼠为研究对象，采用为小老鼠设计的上述低频旋转磁场磁疗设备的缩小版，开展了磁场治疗研究，探究患肿瘤小白鼠经过磁疗后免疫力指标

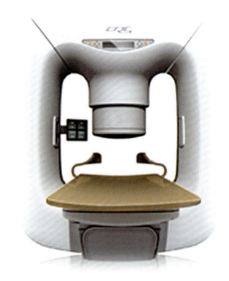

图 5.13　磁疗设备示意图

的变化。实验研究结果表明，低频旋转磁场对患肿瘤的小白鼠具有显著疗效，其效果可与采用顺铂的化疗相媲美，但并未出现化疗常见的副作用，如明显的免疫系统抑制等。经磁疗后，小白鼠能够带瘤生存。此外，实验还发现，与低频旋转磁场相比，静磁场治疗对肿瘤小白鼠的免疫力指标并未产生明显影响。这表明磁场的类型和频率对于治疗效果至关重要。

进一步地，采用低频旋转磁场对患肿瘤的病人进行临床治疗的结果显示：磁疗不仅对肿瘤有治疗作用，还对亚健康的恢复具有显著效果。从物理学的角度来看，健康的人体可以被视为处于一种动态平衡状态，而疾病则代表着这种平衡的打破，即非平衡态。旋转磁场通过其周期性变化的磁场特性，可能有助于促进身体各系统向更有序的平衡状态转变。这种转变可能涉及细胞信号传导的改善、能量代谢的优化以及生物节律的调整。

未来的研究可以进一步探索旋转磁场对亚健康状态恢复的具体机制，并研究如何通过调整磁场的参数（如频率、强度、治疗时间等）来最大化治疗效果。此外，还需要开展大规模的临床试验，以验证低频旋转磁场治疗的安全性、有效性，并确定最适宜的治疗人群和疾病类型。

总之，低频旋转磁场作为一种非侵入性、无副作用的治疗手段，在肿瘤治疗和亚健康恢复方面展现出了巨大的潜力。随着研究的深入和临床应用的推广，磁疗有望成为现代医学领域的一个重要分支，为人类健康提供新的治疗策略。

磁共振成像

磁共振成像（MRI）是一项突破性的医学影像技术。MRI 扫描仪通过结合强磁场、精确的磁场梯度、无线电波脉冲以及先进的计算机系统，能够生成高分辨率的体内解剖结构和生理过程图像。

MRI 的核心优势在于其无辐射的操作方式，为患者提供了一种安全的检查选择。相较于 X 射线或 CT 扫描，MRI 在软组织成像上展现出更高的对比度，尤其擅长区分大脑、脊髓、肌肉和内脏器官等不同类型的软组织。科学家利用 MRI 来研究各种各样的人类疾病和病症，包括帕金森病、癌症、肌肉退化、渐冻症、

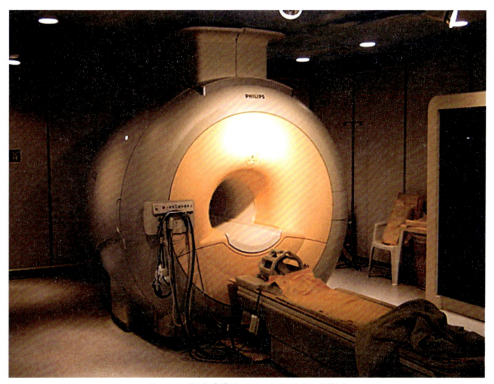

图 5.14　现代临床高场（3.0 T）MRI 扫描仪

脑损伤等。

　　该技术的工作原理是利用人体中大量的水分子。在 MRI 扫描过程中，这些水分子中的氢原子核（质子）在强磁场的作用下，受到特定频率的无线电波脉冲激励，从而进入一个高能状态。当这些质子恢复到它们的原始状态时，会释放出能量，形成电磁波信号。MRI 设备捕捉这些信号，并利用梯度磁场来确定信号的空间位置，最终由计算机系统将这些数据转换成详细的图像。

　　MRI 的多平面成像能力让医生能够从多个角度观察身体结构，使用对比剂可以进一步提升图像的清晰度，尤其在诊断脑部疾病、脊髓损伤、关节问题、心脏病和肿瘤等疾病时显得尤为重要。然而，MRI 在肺部和骨骼的成像上不如 CT 扫描清晰，且对于装有心脏起搏器或金属植入物的患者可能不适用。此外，MRI 检查时间较长，且设备运行时的噪声可能需要患者适应。尽管存在这些局限性，

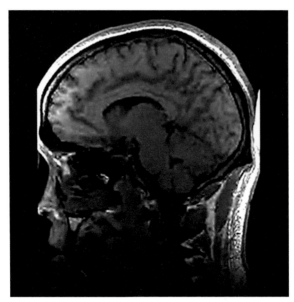

图 5.15　人脑纵切面磁共振成像图

MRI 仍然是医学诊断中不可或缺的工具，极大地提高了疾病诊断的准确性和治疗的有效性。

据报道，我国科研团队已突破传统磁共振单一氢成像技术的局限，成功实现"多核"磁共振成像技术，为疾病的认知、定性与定量评估开辟了新的信息维度。

我国首台 9.4 T（特斯拉）超高场动物磁共振成像设备已成功研制并量产，打破了国际长期垄断，解决了超高场临床前磁共振成像仪国产化的问题，有效助力了重大疾病病理研究、新药研发等相关科研和产业的发展。

从核磁共振现象的发现到 MRI 技术的成熟，这一领域已经六次荣获诺贝尔奖，涵盖了物理学、化学、生理学或医学等多个学科，这充分证明了 MRI 及其相关研究的重要性和影响力。随着技术的不断进步，MRI 在医学领域的应用前景将更加广阔，有望为人类的健康事业做出更多重要贡献。

6. 解决能源问题的重要途径——"人造太阳"

核聚变被视为提供近乎无限清洁能源的理想方案，其通过模拟太阳的聚变反应释放能量，且不会产生导致全球变暖的碳排放。

"人造太阳"是一种利用核聚变反应产生能量的设备，它通过将氢原子核合并成氦原子核释放出海量能量，进而转化为电能。托卡马克（Tokamak）是"人造太阳"最常见的方式之一，它利用外部磁铁产生的强磁场，将高温等离子体约束在轴对称的环形装置中，使其达到足够高的温度和密度以实现核聚变。作为面向国家重大需求的前沿颠覆性技术，"人造太阳"具有资源丰富、环境友好等突出优势，是最终解决人类能源问题的重要途径之一。世界各国纷纷投入"人造太阳"的研发中，目前世界上最强的托卡马克设备是国际热核聚变实验堆（ITER）装置，该项目于 1985 年启动，由全球 35 个国家共同参与，中国是其中的 7 个主要成员国之一，负责整个磁体支撑系统的研制工作。ITER 的环形磁场强度约为 15 特斯拉，约为地球磁场的 30 万倍。

我国自主研发的全超导托卡马克核聚变实验装置（EAST）是世界上首个采

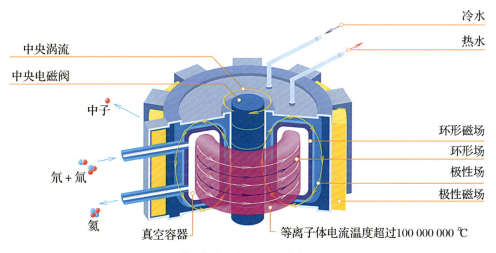

图 5.16　基于托卡马克原理的聚变发电厂示意图

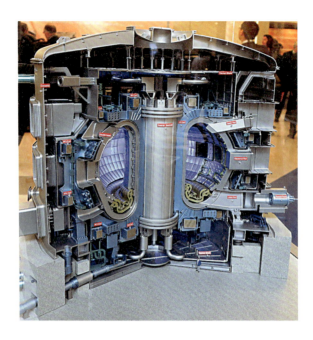

图 5.17   ITER 的小尺度模型 /Conleth Brady, 国际原子能机构

图 5.18   全超导托卡马克核聚变实验装置 EAST/ 合肥物质科学研究院

图 5.19　目前正在建设的 ITER(将成为迄今为止最大的托卡马克)// 美国橡树岭国家实验室

用全超导磁体、非圆截面的托卡马克实验装置。它成功解决了大型超导磁体大规模低温制冷等一系列关键技术难题。2025年1月，该装置实现了上亿摄氏度1 066秒稳态长脉冲高约束模等离子体运行，创造了新的世界纪录，进一步验证了托卡马克脉冲高约束稳态运行的可行性，为未来聚变电站提升发电效率、降低成本奠定了坚实的物理基础。

"人造太阳"是人类在寻找新型能源过程中迈出的关键一步。尽管面临各种困难和挑战，科学家们仍不断改进技术设备，朝着实现可控核聚变的目标迈出坚实的步伐，期望在不久的将来取得更多突破，为解决能源问题和减缓气候变化提供更多选择。

以实现聚变能源为目标的中国聚变工程实验堆（CFETR），是我国自主设计和研制并联合国际合作的重大科学工程。同为核聚变装置，全超导托卡马克（EAST）是实验装置，主要用作研究。而CFETR是将研究引向实用化，以实现聚变能源为目标，直接瞄准未来聚变能的开发和应用，将建成世界首个聚变实验电站，对解决能源危机问题具有重要意义。

近年来，CFETR的集成工程设计以及未来聚变堆的设计正在快速推进，取得了一批重大成果。同时，中国科学院等离子体物理研究所已经开展CFETR预研，已在CFETR设计方案的各项运行指标和关键等离子体参数、主机系统和重大部件、远程操作方案，以及先进偏滤器位形等方面开展了实质性研究工作。

(a)

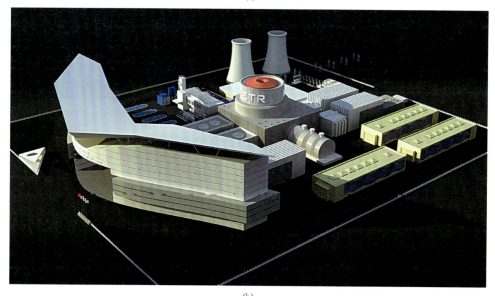

(b)

图 5.20　CFETR 效果图 / 中国科学院等离子体物理研究所

第 6 章
塑造未来科技的磁
—— 自旋的魔力

高科技芯片（3D 渲染图）

1. 电子的双重身份——电荷与自旋

电子，这个微观世界的精灵，拥有两个独特的属性：电荷和自旋。电荷是标量，是电子的能量核心，可以是正的或负的；而自旋则是矢量，是粒子所具有的内禀性质，尽管常被类比为经典力学中的自转（例如行星的自转），但两者的本质截然不同。

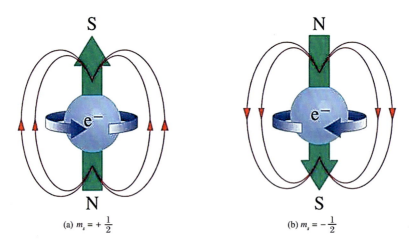

(a) $m_s = +\frac{1}{2}$ (b) $m_s = -\frac{1}{2}$

图 6.1 电子的电荷与自旋（电子有不同方向的自旋，它决定了电子自旋角动量在外磁场方向上的分量，通常用向上和向下的箭头来代表，即朝上代表正方向自旋电子，朝下代表逆方向自旋电子。通过精确控制电子"朝上"或"朝下"自旋的特性，将这些朝相反方向旋转的电子排列在薄膜等物质上，形成磁场，当你把自旋方向设定为"上"，将其定义为"1"，然后将其置于磁场中使方向改变180°，那么它就从"1"变成了"0"；如果改变360°，那么它就维持"1"不变。这样，我们就得到了电子计算需要的"0"和"1"。这也使得自旋电子技术可以被应用到存储和数据处理当中）

以往，两者在不同的领域发挥着重要的作用。自旋主要应用于磁性材料领域，前文已介绍了永磁、软磁、磁记录材料中的铁磁、亚铁磁自旋排列有序的情形；而电荷则活跃在电工学、电子学以及微电子学等众多领域。

溯源至上千年前，人类已对磁与电有感性认识。纵观人类社会的发展史，19世纪人类在对电流、磁场及其相互作用的科学研究基础上，成功地制造了电动机、发电机、电灯、电话等电器，形成了电工学，从而在美国、欧洲首先引发了第二次产业革命，使人类进入电气化时代。从物理的观点来看，19世纪是人类开始按照科学的规律用电场调控电子电荷流的新纪元。

(a) 电动机 [1827 年，匈牙利物理学家阿纽什·耶德利克（Ányos Jedlik）着手进行电磁线圈的实验。在攻克了一系列技术难题后，他将自己的发明命名为"电磁自转机"（electromagnetic self-rotors）。尽管这款设备最初仅用于教学目的，但它已经囊括了现代直流电动机的三个核心组件：定子、转子和换向器]

(b) 白炽灯泡

(c) 来自瑞典的 1896 年的电话

图 6.2 第二次产业革命（电动机、电灯、电话）

20世纪，人类利用量子力学、能带理论在半导体中调控电荷运动，形成了微电子学这一新学科，制造出了从二极管到超大规模集成电路的芯片，从而开创了第三次产业革命，使人类进入信息化时代。

电工学与电子学主要研究电子电荷的集体运动及其效应，并未涉及电子自旋的特性。以上两次产业革命主要是以调控电荷为主，但在这些应用中都离不开磁性材料，例如电动机、发电机离不开硅钢片材料，计算机的关键部件包括芯片

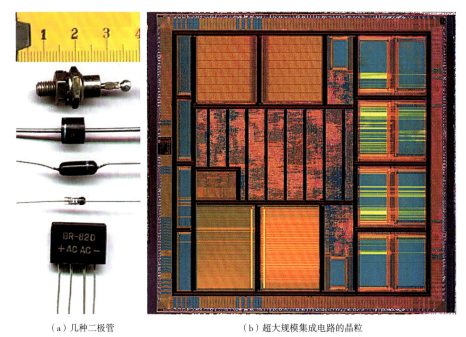

（a）几种二极管　　　　　　　　　　（b）超大规模集成电路的晶粒

图 6.3　第三次产业革命（二极管、集成电路芯片）

与利用磁性材料进行信息存储的磁硬盘，从这个角度来看，自旋以磁性材料的角色在产业革命中也直接发挥了重要作用。当然，在此之前，自旋确实尚未参与到电子输运过程中，所以电工学、微电子学均未涉及自旋。

既然电子同时具有电荷与自旋，为什么在电工学、电子学与微电子学中均不考虑自旋呢？

原因是电工学、电子学以及微电子学所研究的对象均为宏观尺度。电子在固体中运动时必然受到晶格的散射，电荷是标量，其特性在散射过程中不变，而自旋是矢量，在散射过程中可能会改变其自旋取向。在电子输运过程中，自旋保持其方向不变所经过的平均路程被称为自旋扩散长度。当超过自旋扩散长度时，自旋可能会反向。通常，电子在磁性材料中的自旋扩散长度为 10 ~ 100 nm，在半导体中为 1 ~ 10 μm。而传统电工学与电子学所研究对象的长度通常远超过自旋扩散长度，因此自旋在输运过程中会翻转多次，统计平均的结果矢量和为零，从而无法显示出自旋的存在。此外，电荷流中的电子自旋未被极化取向，所以在传统的电工学、电子学以及微电子学中可忽略电子具有自旋这一特性。然而，当我们研究的对象尺寸与自旋扩散长度相当或更小时，如在纳米尺度的体系中，自旋的特性将会显现出来。

2. 自旋的舞蹈——巨磁电阻效应

在 1988 年，两位科学家——法国的阿尔贝·费尔（Albert Fert）和德国的彼得·格林贝格尔（Peter Grünberg）——在研究 Fe-Cr-Fe 纳米多层膜时，意外发现了一种惊人的现象：当在磁性的铁 (Fe) 层之间插入非磁性的铬 (Cr) 层时，电阻会随着 Cr 层厚度的变化而显著变化。这种现象被称为巨磁电阻效应（giant magnetoresistance effect, GMR effect），它在科学上具有重大意义，同时在技术上也展现出巨大的应用潜力。这一发现为两位科学家赢得了 2007 年的诺贝尔物理

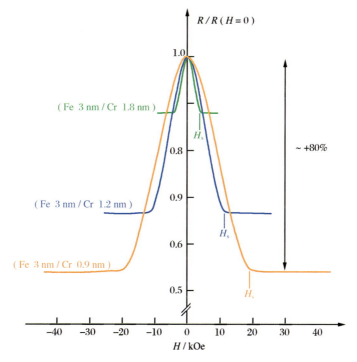

图 6.4　费尔的实验结果（横坐标为磁场强度，纵坐标为磁化时电阻与无磁化时电阻的比值；三条曲线分别显示了三种不同厚度结构的铁、铬薄膜层）

学奖。

巨磁电阻效应是一种量子力学和凝聚态物理学的现象，可以在磁性材料和非磁性材料相间的薄膜层结构中观察到。这种结构物质的电阻值与铁磁性材料薄膜层的磁化方向有关。当两层磁性材料的磁化方向相反时，电阻值

图 6.5　笔记本电脑的移动硬盘 /Wikipedia

明显大于磁化方向相同时的电阻值，且在很弱的外加磁场下电阻就能发生很大的变化。巨磁电阻效应的主要应用是磁场传感器，它可用于读取硬盘数据以及生物传感器和微机电系统等设备中的信息。巨磁电阻效应显著提高了硬盘驱动器读取头的灵敏度，使得我们现在所使用的电子设备小型化成为可能，比如口袋大小的数字音乐播放器和比笨重的台式机内存更大的轻薄笔记本电脑。此外，其多层结构还被用作存储一位元信息的单元的磁性随机存取存储器（MRAM）。MRAM 的优点在于即使在不通电的情况下也能保留存储的数据，这使得它在存储技术中具有巨大的潜力。

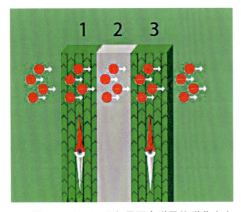

图 6.6　GMR-1[如果两个磁层的磁化方向相同，则具有平行自旋（红色）的电子可以穿过整个系统而不会发生很大程度的散射。因此，系统的总电阻会很小]/ 瑞典皇家科学院

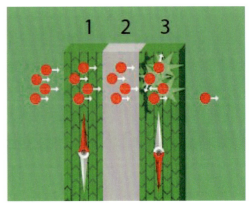

图 6.7　GMR-2(如果两个磁层的磁化方向相反，则所有电子都会在其中一层中具有反向平行自旋，因此会大量散射。因此，系统的总电阻会很高)/ 瑞典皇家科学院

　　巨磁电阻效应的发现不仅推动了磁电子学（magnetoelectronics，更广义地称为自旋电子学）这一新学科的发展，而且为人们提供了控制极化自旋流的新途径。与传统的电子学或微电子学不同，磁电子学利用磁场或极化电流来控制载流子电荷与自旋运动，这为电子器件的设计和性能提升开辟了新的道路。

　　巨磁电阻效应的发现是一系列相关研究的起点。在多层膜巨磁电阻效应之后，科学家们还发现了颗粒膜、隧道结磁电阻效应以及锰钙钛矿化合物的庞磁电阻效应等，这些发现都取得了重大的进展。

　　有趣的是，费尔和格林贝格尔最初的研究目的并非直接寻找巨磁电阻效应，而是研究在铁层之间插入非磁性金属铬薄膜后，对铁层之间交换作用的影响。他们的研究表明，随着铬层厚度的改变，可以观察到铁磁-反铁磁的转变，层间的交换作用系数呈现周期性的变化。然而，他们无意中发现的巨磁电阻效应，最终却成了他们荣获诺贝尔物理学奖的关键因素。

　　费尔和格林贝格尔的故事提醒我们，科学家开展研究工作的本质是探索未知，他们的动力源于对知识的渴望和对科学的贡献，而非奖项本身。他们的工作深刻地体现了科学研究的真谛——不断探索、发现并深入理解自然界的奥秘。

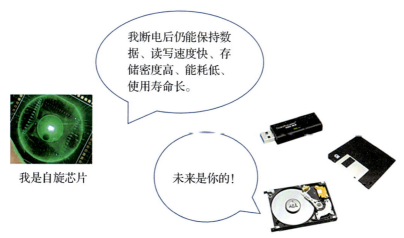

图 6.8　自旋芯片的优势（非易失性：断电后仍能保持数据。高速度：读取速度接近 SRAM，写入速度也相对较快。高密度：有望达到与 DRAM 相当的存储密度。低能耗：平均能耗远低于 DRAM，且无需周期性刷新。耐用性：不像 Flash 存储器，MRAM 的写入不会物理上退化存储单元，因此具有更长的使用寿命）

3. 自旋芯片——信息存储革命

　　基于巨磁电阻效应的原理，自旋芯片为各类 MRAM 商品名的统称。自旋芯片利用磁存储元件来存储数据，这些元件由两个铁磁薄膜组成，它们通过一个薄绝缘层隔开，形成所谓的磁性隧道结（magnetic tunnel junction, MTJ）。一个铁磁薄膜的磁化方向固定，而另一个薄膜的磁化方向可以改变以匹配外部磁场，从而存储信息。

　　自旋芯片技术的发展历史可以追溯到 20 世纪中叶，其发展经历了多个重要阶段：首先是利用双层铁磁薄膜的 GMR 效应实现信息的存储与读取的自旋阀 (spin valve) 器件，接着是基于 TMR 效应实现信息更高效存储的磁性隧道结 (MTJ)，

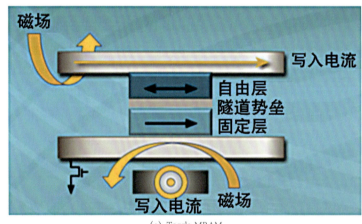

(a) Toggle-MRAM

(b) STT-MRAM   (c) SOT-MRAM

图 6.9   几种自旋芯片的结构示意图

再之后是基于 MTJ 研发的磁性随机存储器 (MRAM)，目前已有三代，分别是 Toggle–MRAM、STT–MRAM、SOT–MRAM。

中国在自旋芯片领域的发展体现了国家对于这一前沿技术的高度关注和投入。中国的研究机构和大学，如南京大学、北京航空航天大学等，正在积极开展自旋芯片技术的研究。这些研究机构和大学在基础研究和应用研究方面都有所建树，旨在推动自旋芯片技术的理论进步和实际应用。

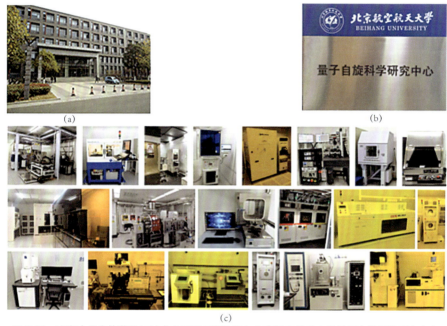

图 6.10　南京大学自旋芯片与技术全国重点实验室与北京航空航天大学量子自旋科学研究中心

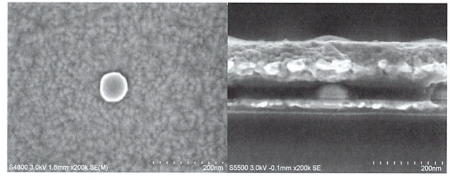

图 6.11　北京航空航天大学与中国科学院微电子研究所于 2017 年联合成功制备出国内首个 80 nm STT–MARM 器件

中国的企业也在积极布局自旋芯片领域。

2020 年，台积电在 ISSCC 2020 上展示了基于 ULL 22 nm CMOS 工艺的 32 Mb 嵌入式 STT–MRAM。

2021 年，台积电公布了在 12/14 纳米节点开发 eMRAM 技术的路线图，旨在替代 eFLASH 产品。台湾半导体研究所宣布成功研发了一种 SOT–MRAM 设备。

2023 年，驰拓公司、南京大学、北京航空航天大学联合成立"自旋芯片与技术全国重点实验室"，专注于自旋芯片的研发。

2024 年，在巴塞罗那举行的 MWC24(2024 年世界移动通信大会) 上，华为数据存储产品线总裁周跃峰博士介绍了华为即将推出的一款用于其下一代 OceanStor Arctic 存储系统的存储设备——磁电硬盘 (MED)。相比传统机械硬盘和磁带存储，该款产品可显著降低成本和功耗。

自旋芯片技术因其独特的优势，被视为信息存储的革命性技术。随着研究的深入和技术的不断成熟，自旋芯片有望成为后摩尔时代信息技术发展的核心驱动力。全球范围内的广泛研究和投资，包括中国企业的积极参与，预示着自旋芯片技术将在未来发挥更加重要的作用。

在量子计算机中，通常使用"量子位"来编码信息，而电子的自旋就是理想的量子位，其具有叠加性和纠缠态，这些特性可以实现基于自旋量子比特的量子计算机。

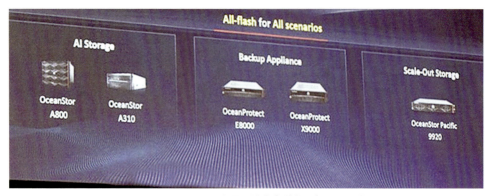

图 6.12　MWC2024 上展示的华为磁电硬盘（MED）

*4.*结语——自旋的世纪即将来临

自旋电子学不仅标志着一个革命性的科研领域，而且预示着一个新时代的到来，在这个新时代中，自旋的特性将被广泛应用于信息存储和处理技术。自旋电子学的研究进展和广阔的应用前景表明，我们对电子自旋特性的认识和利用正在迅速扩展。

自旋芯片技术，作为自旋电子学的一个重要分支，已经从基础科学研究逐步转向工业应用，其发展历程凝聚了全球众多科研机构和企业的共同努力。

自旋电子学的持续发展还将进一步推动磁学、物理学、化学、生物学以及医学等多个学科的交叉融合，催生了自旋磁学这一新兴的跨学科领域。自旋磁学的研究不仅聚焦于自旋本身，还致力于探索自旋与其他学科的交叉应用，为科学研究和技术创新开辟了新的方向。

从 19 世纪的电气化到 20 世纪的信息化，人类对电子电荷的调控和利用已经达到了前所未有的高度。然而，对于电子的自旋特性，我们的认识和应用尚处于起步阶段。21 世纪自旋电子学的兴起，为自旋在信息领域的应用开辟了广阔道路。作为矢量，自旋比作为标量的电荷更复杂，其内涵也更丰富。如果说 20 世纪是电荷的世纪，人类对电荷的调控与应用已经十分广泛且成熟，那么随着自旋技术的不断发展，未来或许将成为自旋的世纪，我们将迎来一个由自旋技术引领的全新科技时代。